KB178895

과학^{공화국}
화학^{법정}

6
신기한 금속

과학공화국 화학법정 6
신기한 금속

ⓒ 정완상, 2007

초판 1쇄 발행일 | 2007년 7월 30일
초판 19쇄 발행일 | 2023년 8월 1일

지은이 | 정완상
펴낸이 | 정은영
펴낸곳 | (주)자음과모음

출판등록 | 2001년 11월 28일 제2001-000259호
주소 | 10881 경기도 파주시 회동길 325-20
전화 | 편집부 (02)324-2347, 총무부 (02)325-6047
팩스 | 편집부 (02)324-2348, 총무부 (02)2648-1311
e-mail | jamoteen@jamobook.com

ISBN 978-89-544-1465-4 (04430)

잘못된 책은 교환해드립니다.
저자와의 협의하에 인지는 붙이지 않습니다.

과학공화국 화학법정

화학법정

6 신기한 금속

정완상(국립 경상대학교 교수) 지음

|주|자음과모음

생활 속에서 배우는 기상천외한 과학 수업

처음 과학 법정 원고를 들고 출판사를 찾았던 때가 새삼스럽게 생각납니다. 당초 이렇게까지 장편 시리즈가 될 거라고는 상상도 못하고 단 한 권만이라도 생활 속 과학 이야기를 재미있게 담은 책을 낼 수 있었으면 하는 마음이었습니다. 그런 소박한 마음에서 출발한 '과학공화국 법정 시리즈'는 과목별 총 10편까지 50권이라는 방대한 분량으로 출간하게 되었습니다.

과학공화국! 물론 제가 만든 단어이긴 하지만 과학을 전공하고 과학을 사랑하는 한 사람으로서 너무나 멋진 이름입니다. 그리고 저는 이 공화국에서 벌어지는 많은 황당한 사건들을 과학의 여러 분야와 연결시키려는 노력을 하였습니다.

매번 여러 가지 에피소드를 만들어 내려다 보니 머리에 쥐가 날 때도 한두 번이 아니었고, 워낙 출판 일정이 빡빡하게 진행되는 관계로 이 시리즈를 집필하면서 솔직히 너무 힘들어, 적당한 권수에서 원고를 마칠까 하는 마음이 굴뚝같았습니다. 하지만 출판사에서는 이왕 시작한 시리즈이므로 각 과목마다 10편까지 총 50권으로 완성을 하자고 했고 저는 그 제안을 수락하게 되었습니다.

많이 힘들었지만 보람은 있었습니다. 교과서 과학의 내용을 생활속 에피소드에 녹여 저 나름대로 재판을 하면서 마치 제가 과학의 신이 된 듯 뿌듯하기도 했고, 상상의 나라인 과학공화국에서 많은 즐거운 상상들을 펼칠 수 있어서 좋았습니다.

과학공화국 시리즈 덕분에 저는 많은 초등학생 그리고 학부모님들과 만나서 이야기를 나누었습니다. 그리고 그분들이 저의 책을 재밌게 읽어 주고 과학을 점점 좋아하게 되는 모습을 지켜보며 좀더 좋은 원고를 쓰고자 더욱 노력했습니다.

이 책을 내도록 용기와 격려를 아끼지 않은 (주)자음과모음의 강병철 사장님과 빡빡한 일정에도 좋은 시리즈를 만들기 위해서 함께 노력해 준 자음과모음의 모든 식구들, 그리고 진주에서 작업을 도와준 과학 창작 동아리 'SCICOM'의 식구들에게 감사를 드립니다.

진주에서

정완상

목차

판사

화치 변호사

케미 변호사

화학법정의 탄생

과학공화국이라고 부르는 나라가 있었다. 이 나라는 과학을 좋아하는 사람들이 모여 살고 있었다. 과학공화국 인근에는 음악을 사랑하는 사람들이 사는 뮤지오 왕국과 미술을 사랑하는 사람들이 사는 아티오 왕국, 공업을 장려하는 공업공화국 등 여러 나라가 있었다.

과학공화국 사람들은 다른 나라 사람들에 비해 과학을 좋아했지만 과학의 범위가 넓어 물리를 좋아하는 사람이 있는가 하면 화학을 좋아하는 사람도 있었다.

특히 과학 중에서 환경과 밀접한 관련이 있는 화학의 경우 과학공화국의 명성에 걸맞지 않게 국민들의 수준이 그리 높은 편이 아니었다. 그래서 공업공화국 아이들과 과학공화국 아이들이 화학 시험을 치르면 오히려 공업공화국 아이들의 점수가 더 높게 나타나기도 했다.

최근에는 과학공화국 전체에 인터넷이 급속도로 퍼지면서 게임에 중독된 아이들의 화학 실력이 기준 이하로 떨어졌다. 그것은 직접 실험을 하지 않고 인터넷을 통해 모의 실험을 하기 때문이었다. 그러다 보니 화학 과외나 학원이 성행하게 되었고, 아이들에게 엉터리 내용을 가르치는 무자격 교사들도 우후죽순 나타나기 시작했다.

화학은 일상생활의 여러 문제에서 만나게 되는데 과학공화국 국민들의 화학에 대한 이해가 떨어지면서 곳곳에서 분쟁이 끊이지 않았다. 마침내 과학공화국의 박과학 대통령은 장관들과 이 문제를 논의하기 위해 회의를 열었다.

"최근의 화학 분쟁들을 어떻게 처리하면 좋겠소?"

대통령이 힘없이 말을 꺼냈다.

"헌법에 화학 부분을 추가하면 어떨까요?"

법무부 장관이 자신 있게 말했다.

"좀 약하지 않을까?"

대통령이 못마땅한 듯이 대답했다.

"그럼 화학으로 판결을 내리는 새로운 법정을 만들면 어떨까요?"

화학부 장관이 말했다.

"바로 그거야! 과학공화국답게 그런 법정이 있어야지. 그래, 화학법정을 만들면 되는 거야. 그리고 그 법정에서의 판례들을 신문에 게재하면 사람들이 더 이상 다투지 않고 자신의 잘못을 인정하게 될 거야."

대통령은 매우 흡족해했다.

"그럼 국회에서 새로운 화학법을 만들어야 하지 않습니까?"

법무부 장관이 약간 불만족스러운 듯한 표정으로 말했다.

"화학적인 현상은 우리가 직접 관찰할 수 있습니다. 방귀도 화학적인 현상이지요. 그것은 누가 관찰하건 간에 같은 현상으로 보이게 됩니다. 그러므로 화학법정에서는 새로운 법을 만들 필요가 없습니다. 혹시 새로운 화학 이론이 나온다면 모를까……."

화학부 장관이 법무부 장관의 말을 반박했다.

"나도 화학을 좋아하긴 하지만, 방귀는 왜 뀌게 되고 왜 그런 냄새가 나는 걸까?"

대통령은 벌써 화학법정을 두기로 결정한 것 같았다. 이렇게 해서 과학공화국에는 화학적으로 판결하는 화학법정이 만들어지게 되었다.

초대 화학법정의 판사는 화학에 대한 책을 많이 쓴 화학짱 박사가 맡게 되었다. 그리고 두 명의 변호사를 선발했는데 한 사람은 대학에서 화학을 공부했지만 정작 화학에 대해서는 깊이 알지 못하는 40대의 화치 변호사였고, 다른 한 사람은 어릴 때부터 화학 영재 교육을 받은 화학 천재 케미 변호사였다.

이렇게 해서 과학공화국 사람들 사이에서 벌어지는 화학과 관련된 많은 사건들이 화학법정의 판결을 통해 깨끗하게 마무리될 수 있었다.

금속의 성질에 관한 사건

은이 가진 놀라운 능력

은으로 정말 병균을 죽일 수 있을까요?

"부원장님, 드릴 말씀이……"

"뭔데?"

"이번에 부원장 선거 있잖습니까…… 거기에 김준혁 과장이 출마할 예정이라고 합니다."

"뭐야? 그런 일이 있으면 진즉에 알려야지. 이제 말하면 날더러 어쩌라는 거야?"

오세요 병원 부원장인 김버럭은 김준혁 과장이 이번 부원장 선거에 출마한다는 소리에 버럭 소리를 지르며 흥분하기 시작했다.

"위험해, 위험해!! 김준혁 그 사람이 나가면 내 자리 위험하다 이 말이야!! 자네 무슨 대책이라도 있나?"

"대책이요? 글쎄요……."

"글쎄요? 기가 빠졌구먼. 자네가 누구 때문에 지금까지 병원에 붙어 있는데?"

'쳇, 어쨌든 너 때문은 아니거든? 니 생각하면 하루에도 수백 번은 이 병원에서 나가고 싶어서 울화통이 터진다.'

"좋은 생각이 있습니다. 내일 오전에 후보 투표가 있잖습니까? 그때 김준혁 과장의 자동차에 펑크를 내서 참여를 못하게 하는 겁니다."

"만약에 실패하면?"

"글쎄요, 거기까진……."

"거기까지는 생각하지 못했다? 자네 이 병원에 오래 남아 있기 싫은 모양이군?"

"그게 아니고…… 아! 2단계는 접촉 사고를 내서 시간을 끄는 겁니다. 어떻습니까, 저의 방해 프로젝트가."

"좋아 좋아. 퍼펙트해!! 그럼 난 자네만 믿는다고."

다음 날 김버럭 씨의 부하직원 김똘만 씨는 아침부터 김준혁 과장의 지하 주차장으로 향했다. 그러고는 김준혁 과장의 차를 펑크낸 후 김준혁 과장이 오기만을 기다렸다.

'어, 저기 온다. 김준혁 이 녀석 맛 좀 봐라 흐흐흐…….'

김준혁 과장이 펑크 난 자동차를 보고는 당황해할 거라는 생각에

신이 난 김똘만 씨는 흐뭇한 미소를 지으며 김준혁 과장이 차에 타기만을 기다리고 있었다.

"여기까지 안 데려다 줘도 된데도. 추운데 그냥 들어가 있지."

"내가 배웅해 주고 싶어서 그런 거야. 자기 차 오늘 카센터에 맡겨야 하니까 내 차 타고 가."

"벌써 날짜가 그렇게 됐어? 그럼 그러지 뭐."

"오늘 부원장 후보 투표한다면서. 우리 남편 파이팅!"

김똘만 씨의 1단계 작전은 김준혁 과장이 아내의 차를 타고 가는 바람에 실패로 끝났고, 김준혁 과장은 아무 탈 없이 병원으로 향했다.

'1단계는 실패, 2단계 프로젝트를 실행해야겠어.'

"지금, 김준혁이 출발했어. 10분 후쯤에 대포집 사거리로 진입할 예정이니까, 그때 접촉 사고를 내. 그러고는 시간을 끌라고. 알겠어?"

"넵 , 알겠습니다. 저만 믿으십시오."

대포집 사거리에서 기다리고 있던 김똘만 씨의 똘마니는 김준혁 과장의 차가 보이자 그쪽으로 차를 몰고 갔다.

"쿵!"

"당신 뭐야?"

"당신이 먼저 끼어들었잖아. 어쩔 거야 이거?"

"젊은 사람이 안 되겠네. 내가 지금 좀 바쁘거든. 그러니까 이거 먹고 꺼져."

"뭐 내가 이딴 돈 따위 받으려고 이러는 줄 알아?"

"아…… 알았어. 알았어. 액수가 맘에 안 드는 모양인데, 오백이면 되겠어?"

김준혁 과장이 오백만 원을 건네주자 눈이 뒤집힌 김똘만 씨의 똘마니는 덥석 돈을 받아 들고는 그 자리를 떴다. 그러고는 김똘만 씨의 전화도 받지 않은 채 그대로 잠수를 탔다.

그렇게 김똘만 씨의 방해 프로젝트는 모두 실패로 막을 내렸고, 김버럭 부원장과 함께 김준혁 과장이 부원장 후보에 올라가게 됐다.

"부원장님, 면목이 없습니다. 대신 뭔가 강력한 걸 하나 터뜨리십시오."

"강력한 거?"

"고급 브랜드 병원 지점을 개업하는 겁니다."

뭔가 위대한 업적을 세워야만 자신의 자리를 지킬 수 있다는 생각에 김버럭 씨는 온갖 소리를 다 질러 가며 부자들만 산다는 동네에 상류층을 공략하는 고급 브랜드 병원 지점을 낸다는 허락을 받아 낼 수 있었다. 몇 달 후 '부자들만 오세요' 병원이 개업을 하였고, 그 병원은 입 소문을 타 상류층 사람들로 발 디딜 틈이 없었다.

"우리 약한이 팔에 그게 뭐야?"

"응, 오늘 엄마랑 부자들만 오세요 병원에 갔다 왔어. 거기 가니까 서비스로 신발 세척도 해 주고, 발마사지도 해 주고 진짜 좋아.

아빠 병원이랑은 비교도 안 돼. 압! 엄마가 이거 말하지 말랬는데."

화가 난 나약한 어린이의 아빠 나룻배 씨는 아내에게 따졌다.

"당신 정신이 있는 사람이야, 없는 사람이야?"

"내가 왜?"

"내가 그 병원 가지 말라고 했어…… 안 했어? 했어…… 안 했어?"

"그게 아니고, 은으로 만든 붕대가 애들 세균 제거하는 데 좋다 그러잖아. 다른 집 애들도 다 하고 다닌다길래. 안 그래도 우리 약한이는 몸도 안 좋은데, 그거라도 해야 내 맘이 편할 거 같아서."

"내가 그거 다 상술이라고 했어, 안 했어? 했어…… 안 했어?"

안 그래도 부자들만 오세요 병원에 손님을 다 빼앗기는 바람에 파리만 날리고 있던 의사 나룻배 씨는 뭔가 대책을 세워야겠다는 생각이 들었고, 다음 날 그 동네 병원 의사들을 모두 불러 모았다.

"우리도 뭔가 대책을 세워야 합니다."

"그러게 말이에요. 애들한테 은팔찌를 채워? 무슨 개도 아니고."

"그거 다 은 팔아먹으려고 사기 치는 거예요."

"그래! 화학법정에 의뢰해서 은이 아무런 효과가 없다는 사실을 밝혀냅시다. 그러면 부자만 오세요 병원은 망하고 말 거예요."

"그거 좋은 생각이에요. 말 나온 김에 우리 당장 화학법정으로 가자고요."

은은 병균을 죽이고 병균이 번식하는 것을 막아 병을 치료하는 데 많은 도움을 줍니다. 또 은은 물속의 미생물을 죽이기도 하며, 인체에 해로운 독이 포함된 음식물인 경우 색깔이 변해 독이 있는지 없는지를 판별할 수 있도록 도와줍니다.

은이 정말 인체에 좋은 영향을 끼칠까요?
화학법정에서 알아봅시다.

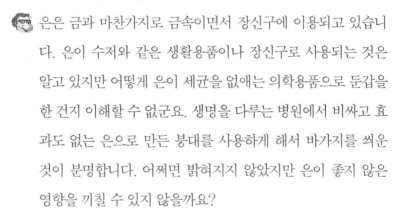

 재판을 시작하겠습니다. 다른 병원에 대한
시기질투로 일어난 사건인지, 아니면 정말
은이 아무런 효과도 없는지 판단해야겠군
요. 원고 측 변론하십시오.

은은 금과 마찬가지로 금속이면서 장신구에 이용되고 있습니
다. 은이 수저와 같은 생활용품이나 장신구로 사용되는 것은
알고 있지만 어떻게 은이 세균을 없애는 의학용품으로 둔갑을
한 건지 이해할 수 없군요. 생명을 다루는 병원에서 비싸고 효
과도 없는 은으로 만든 붕대를 사용하게 해서 바가지를 씌운
것이 분명합니다. 어쩌면 밝혀지지 않았지만 은이 좋지 않은
영향을 끼칠 수 있지 않을까요?

원고 측 변호사는 정확하지 않거나 증명되지 않은 말은 하지
마십시오.

아이고…… 알겠습니다. 아무튼 은이 소독약도 아니고 세균
을 없앤다는 말은 절대 인정할 수 없습니다.

알겠습니다. 피고 측은 은의 효과를 증명할 수 있어야 할 것
같군요. 변론 준비되었으면 시작하십시오.

우리나라에서는 고대부터 금과 더불어 은을 여러 가지 방식으로 사용해 왔다고 합니다. 우리가 흔히 장식품, 공예품 등에만 사용하는 것으로 알고 있는 은의 특징은 무엇이며, 인체에는 어떤 영향을 끼치는지 말씀해 주실 증인을 모셨습니다. 은 전문 연구 단지의 은은해 연구 팀장님이십니다.

증인은 증인석으로 나오십시오.

40대 초반으로 보이는 작은 몸집의 여성이 은귀걸이, 은머리핀, 은테 안경을 쓰고 나타났다.

우리 주위에서 흔히 볼 수 있는 은은 어떤 특성을 가진 물질입니까?

은은 금, 백금등과 같이 귀금속의 일종으로 현재 세계 총생산량의 70퍼센트 이상이 공업용으로 사용되며 나머지는 화폐용으로 사용하고 있습니다. 또 장식품, 공예품, 은그릇, 사진 공업용으로도 많이 쓰이고 있습니다. 우리나라에서는 옛날부터 은으로 침을 만들어 사용하거나 독을 방지하는 물건으로 은수저를 귀중히 여겼습니다. 은의 이러 성질은 옛날부터 잘 알려져 있었고, 고대 이집트에는 은판자를 상처에 붙이는 치료법도 있었으며, 은은 독에 닿으면 색깔이 변하므로 유독 물질을 쉽게 알아볼 수 있고 건강에도 좋다고 해서 왕과 상류층에서는 널리 은을 사용했습니다.

그럼 정말 은이 인체를 치료하는 데 효과가 있는 겁니까?

효과가 있습니다. 실험 결과 은은 대부분의 병균을 죽일 수 있다는 사실이 증명되었습니다. 은은 또한 병균이 번식하는 것을 막아 병을 치료하는 데 중요한 역할을 합니다. 또 은은 매우 적은 양이라도 물에 녹아들어 가면 물속의 미생물을 죽이는 신기한 작용을 하는데, 예를 들면 1리터의 물을 소독하는 데는 수백만 분의 1그램만 있어도 충분합니다.

정말 신기하네요. 은은 의학에서도 유용하게 쓰이겠군요?

지금도 의학에서는 이른바 은솜, 은붕대라고 하는 것들이 고치기 힘든 피부병 치료에 쓰이고 있습니다. 또 우주선을 타고 달에 가는 승무원들의 비상약이나 복어 알, 독버섯처럼 인체에 해로운 독이 포함된 음식물에 닿으면 색깔이 변해 독이 있는지 없는지를 판별할 수 있고, 유황과 반응을 하면 독특한 색을 나타내기도 합니다. 참, 그리고 은단을 드시는 분들이 많은데요. 은단에 사용되는 것은 순도 99.9퍼센트의 은입니다.

잘 알겠습니다. 판사님. 판결해 주세요.

은에 대해서 많은 것을 알 수 있었습니다. 은이 이렇게 많은 곳에 쓰이고 병을 치료하는 데까지 쓰이다니 놀랍습니다. 부자들만 오세요 병원을 찾는 환자들이 많아지자 질투심으로 고소를 한 원장들은 앞으로 이와 비슷한 일로 병원 업무를 방해

하지 않아야 하며 김버럭 씨에게 사과할 것을 판결합니다.

재판이 끝난 후 원고 측은 피고에게 사과를 했고, 앞으로는 함께
은붕대를 사용하여 환자를 치료하기로 했다.

 금

금은 구리 다음으로 사람들이 가장 먼저 사용한 금속입니다. 그리스 사람들이 처음으로 금을 돈으로
사용했고, 아리스토텔레스의 4원소설이 나온 후 금이 아닌 금속으로 금을 만들려는 연금술이 유행
했지만 모두 실패로 돌아갔습니다.

백열등이 좋아하는 필라멘트

필라멘트는 왜 텅스텐으로 만들까요?

"궁둥 할매, 주름 할매, 그 얘기 들었어?"

"무슨 얘기?"

"글쎄, 눈처져 할매가 쌍꺼풀 수술을 했대."

그 얘기를 들은 궁둥 할매와 주름 할매는 너무 황당한 나머지 아무 말도 못하고 서로를 바라보았다.

"드디어 그 할매가 일을 냈구먼."

"그러게 말이지. 처진 눈에 쌍꺼풀 수술한다고 뭐가 달라지나? 노망이 든 게 틀림없어."

두 할매는 평소 돈 자랑을 해대며 둘을 무시하던 눈처져 할매를 험담하기 시작했다.

"그런데 궁둥 할매, 나도 돈 있으면 주름 제거 수술하고 싶어……."

주름 할매가 부러운 듯 힘없는 목소리로 말했다.

"쌍꺼풀 했다고 누가 그 쭈글쭈글한 할매에게 관심이나 있겠어? 부작용이나 안 생기면 다행이지."

궁둥 할매는 부러움에 화가 나서 주체하지 못하는 듯했다.

그러자 주름 할매는 궁둥 할매를 진정시키기 위해 한마디 던졌다.

"궁둥 할매, 할매도 히프업만 하면 한 몸매 할 텐데…… 40대라고 해도 믿을 거야. 아마……."

"하긴 내가 엉덩이 빼고는 한 몸매 하지."

궁둥 할매는 자신의 처진 엉덩이를 만지작거리며 불만스런 표정을 지었다.

며칠 후 눈처져 할매가 수술을 마치고 퇴원했다. 그리고 며칠 동안은 외출도 하지 않고 집에서만 보냈다. 쌍꺼풀이 완전히 자리 잡은 날 눈처져 할매는 궁둥 할매와 주름 할매를 자신의 수술 축하 파티에 초청했다.

"쌍꺼풀 수술이 무슨 대단한 수술이라고 파티는 파티야? 정말 돈이 남아도는군!"

"그러게, 나중에 보톡스 맞으면 보톡스 파티도 하겠네."

두 할매는 눈처져 할매의 파티에 참석하는 게 내키지는 않았지만 그동안의 우정을 생각해 참가하기로 했다. 눈처져 할매의 집은 마을에서 가장 아름답고 넓은 집이고 음식도 진수성찬으로 나오기 때문에 많은 마을 사람들이 눈처져 할매의 파티에 참석했다. 파티 하루 전날 눈처져 할매는 궁둥 할매와 주름 할매를 불러서 상의했다.

"뭔가 스페셜하게 파티를 하고 싶은데, 할매들 의견 없어?"

"우리 같은 늙은이가 무슨 생각이 있겠어? 그냥 대충 해."

"성형 수술하는 만큼이나 머리 좀 굴려 봐라, 이 할매 탕구야."

"아, 생각났다. 초대형 백열전구를 만드는 게 어때? 내가 잘 아는 전기상이 있는데……."

"좋아, 주름 할매 좋은 의견 냈으니까 상으로 '했는지 안 했는지도 모를 만큼 티도 안 나는 성형외과'를 하나 소개시켜 주지."

결국 눈처져 할매는 주름 할매가 알려준 전기상에 의뢰해서 초대형 백열전구를 만들었고, 드디어 파티 날이 되었다.

마을 사람들이 많이 모여들었고, 눈처져 할매는 들뜬 마음으로 백열전구 스위치를 올렸지만, 이내 백열전구의 불이 꺼져 버렸다. 마침 마을에서 과학을 가르치는 선생님이 백열전구 안을 들여다보고는 눈처져 할매에게 말했다.

"필라멘트의 재료를 잘못 선택했어요. 지금처럼 구리를 사용하면 전구가 일찍 끊어지지요."

"이놈의 전기상이 나를 속여!"

화가 머리끝까지 난 눈처져 할매는 전기상에 따지러 갔다.

 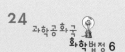

"이 사람이 내가 늙었다고 사기를 쳐?"

"사기를 치다니요? 아니에요. 전 똑바로 했다고요."

"필라멘트를 구리선으로 하면 전구가 일찍 끊어진다는 거 다 알고 오는 길이니까 발뺌할 생각하지 마."

"누가 그래요? 구리는 전기가 잘 통하니까 백열전구의 필라멘트 재료로는 짱이라고 배웠단 말이에요. 할머니가 잘못 아신 거라고요."

"좋아, 자네를 화학법정에 고소할 테니까 누가 이기나 한번 두고 보자고."

필라멘트의 재료로는 녹는점이 높고 전기 저항이 적당한
텅스텐을 사용하는 것이 제일 좋습니다.
불이 켜지면 필라멘트는 굉장히 뜨거워지는데 텅스텐은 녹는점이
금속 중에서 가장 높아 이런 높은 온도에도 잘 견딥니다.

필라멘트를 만드는 금속으로는 어떤 것이
가장 좋을까요?
화학법정에서 알아봅시다.

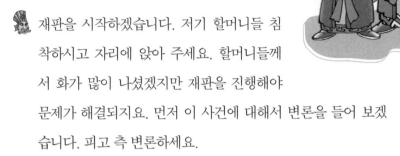

재판을 시작하겠습니다. 저기 할머니들 침
착하시고 자리에 앉아 주세요. 할머니들께
서 화가 많이 나셨겠지만 재판을 진행해야
문제가 해결되지요. 먼저 이 사건에 대해서 변론을 들어 보겠
습니다. 피고 측 변론하세요.

구리는 옛날부터 우리 생활에 유용하게 이용되어 왔습니다.
제가 조사한 바에 따르면, 구리는 전기를 전달하는 능력이 크
고 다른 물질과 반응하려는 성질이 작아 쉽게 부식되지 않으
므로 전선의 재료로 사용하기 좋습니다. 그리고 얇게 펴지고
길게 뽑히기도 해서 가는 선으로도 만들 수 있지요. 이렇게 장
점이 많은 구리를 왜 필라멘트로 사용할 수 없다는 건지 도무
지 이해가 안 되는군요.

피고 측 변호사가 이번에는 제대로 조사를 했군요. 그런데 왜
구리로 만든 백열전구의 필라멘트가 쉽게 끊긴 걸까요?

그건 아무래도 할머니들의 실수 아닐까요? 할머니들께서 파
티에 집중한 나머지 너무 기뻐 덩실덩실 춤추다가 충격을 주
셨을 수도 있고 신기해서 자꾸 켜고 끄고를 반복해서 필라멘

트가 빨리 끊겼을 수도 있지요.

그럼 구리보다 더 좋은 필라멘트를 사용할 수는 없었나요?

전기 상가 직원인 피고가 필라멘트로 사용하기에는 구리가 제일 적당하다고 생각했기 때문에 구리로 만들었겠지요.

그런 겁니까? 원고 측 주장은 구리를 사용하면 필라멘트가 빨리 끊긴다고 하는데요. 어떻게 된 거죠? 원고 측 주장이 틀린 겁니까?

거기까진 조사를 못했는데요.

그럼 원고 측 변론을 들어 보도록 합시다.

전선으로 사용되는 금속과 필라멘트에 사용되는 금속에는 엄연히 차이가 있습니다. 전선은 전기를 잘 전달하는 것이 목적이기 때문에 저항이 작아야 하고 백열전구의 필라멘트는 빛을 내는 것이 목적이므로 저항이 커야 합니다. 그래서 전선은 저항이 작은 구리를 사용하지요. 그렇지만 구리는 저항이 굉장히 작아서 빛을 내게 만드는 데는 적합하지 않습니다. 즉 필라멘트에 적합한 조건들을 맞추어야 하지요.

필라멘트에 적합한 조건이라면 어떤 것을 말합니까? 그리고 어떤 금속이 그러한 조건을 잘 맞출 수 있습니까?

그 점에 대해 설명해 주실 증인을 모셨습니다. 한국전자단지의 한광선 대표 이사님입니다.

증인 요청을 받아들이겠습니다.

얼굴 양옆에 전구를 꽂은 50대 초반의 남성이 들어왔다.

 증인의 목과 팔에 있는 게 무엇입니까?

아, 이거요? 과학전자단지에서 이번에 새로 개발한 상품인데 제가 직접 상품 테스트를 해 보고 있는 중입니다. 하하하.

그럼 지금도 일을 하고 있는 중이라고 볼 수 있군요. 정말 부지런하십니다. 본 법정에서는 필라멘트에 어떤 금속이 적합한지를 알아보고 있습니다.

전구의 필라멘트 말씀하시는 겁니까? 당연히 텅스텐으로 만들어야지요.

텅스텐이군요. 그런데 피고 측은 구리가 적합하다고 주장하고 있습니다.

아이고 큰일 날 소리를 하시는군요. 구리는 얼마 사용하지 못하고 끊어질걸요.

텅스텐은 어떤 특성이 있기에 필라멘트로 적당한 건가요?

필라멘트의 재료는 녹는점이 높고 전기 저항이 적당해야 합니다. 그래서 주로 텅스텐이나 니켈 등을 사용하는데, 불이 켜졌을 때 필라멘트의 온도는 약 2000°C인데 텅스텐은 녹는점이 약 3390°C 정도로 금속 중에서 가장 높기 때문에 이런 높은 온도에 잘 견딥니다. 그러나 구리는 녹는점이 1084°C이기 때문에 금방 끊어져서 필라멘트로 사용할 수 없습니다. 필라멘

트를 가늘게 만들지 못하는 이유는, 텅스텐의 저항이 크기 때
문에 가늘게 만들면 저항 값이 너무 커져서 밝은 빛을 낼 수
없기 때문입니다.

구리의 녹는점이 필라멘트의 온도보다 낮으니 당연히 끊어질
수밖에 없었군요. 피고는 파티를 망친 것에 대해 원고인 할머
니들께 사과하고 텅스텐으로 대형 백열전구를 다시 만들어 줄
것을 요구하는 바입니다.

피고는 금속의 특성을 제대로 알지 못하여 필라멘트에 적합한
금속을 사용하지 못한 과실을 인정하고 파티를 다시 열 수 있
도록 백열전구를 다시 만들어 드리도록 하세요.

재판이 끝난 후 과학공화국에서는 필라멘트를 텅스텐으로 만들
것을 의무화했다.

 백열등

백열등은 1879년 발명의 아버지 에디슨이 발명했다. 에디슨은 처음에 백금을 필라멘트로 사용했습
니다. 그렇지만 백금은 전기 저항이 작아서 필라멘트에서 열이 적게 발생해 불빛이 희미했습니다.
그리하여 전기가 잘 통하는 탄소 막대로 필라멘트를 바꾸자 밝은 빛이 전구에서 뿜어져 나왔는데
불행히도 이 빛은 45시간 정도밖에는 지속되지 않았습니다. 에디슨은 전구의 수명을 좀 더 늘려 줄
필라멘트를 찾고 싶어서 단단하기로 소문난 대나무를 필라멘트로 사용했고, 1000시간 동안 켜지는
전구를 발명했습니다.

원자파와 분자파

물질의 기본 단위는 원자일까요? 분자일까요?

사건속으로

"띵동…… 2층입니다."

엘리베이터 문이 열리자 김원자 씨는 허겁지겁 엘

리베이터를 탔는데, 엘리베이터 안에는 같은 라인

16층에 살고 있는 김분자 씨가 미리 타고 있었다.

김원자 씨가 들어오자 김분자 씨는 먼저 인사를 했다.

"안녕하십니까? 실험하러 가시나 보죠?"

"으흠…… 그건 그쪽이 알 거 없잖아요?"

"그건 그렇고, 2층인데 엘리베이터 타는 건 좀 심하시다."

"남이야 엘리베이터를 타든 계단으로 올라가든 그쪽이 상관하실

일 아니잖아요? 2층이라도 다리가 아프면 엘리베이터를 탈 수도 있고 뭐 그런 거지. 그리고 어차피 관리비 똑같이 내는데, 내 돈 주고 내가 엘리베이터 타겠다는데 그쪽이 무슨 상관이냐 이 말이에요."

"네…… 네. 앞으로도 쭈……욱 타고 다니세요. 말 한마디하면 백 마디로 쏘아붙이니 어디 무서워서 말이나 하겠나."

"뭐라고요?"

"아닙니다. 혼자서 중얼거린 거니까 신경 쓰지 마세요."

같은 아파트에 살고 있는 김원자 씨와 김분자 씨는 모든 원자가 기본이라는 원자파와 모든 물질은 분자가 기본이라는 분자파가 대립하면서부터 서로 사이가 나빠지기 시작했다.

두 파 사이에 대립이 하도 심해지자 나라에서는 이를 중재하기 위해서 직접 실험을 하기로 했고, 이 두 사람도 거기에 참석하러 가는 길이었다. 하도 화제가 되고 있는 일이라 그런지 벌써부터 많은 취재진이 몰려 실험실은 북적북적 거리기 시작했고, 많은 사람들이 지켜보는 가운데 실험이 시작됐다.

"박사님, 지금 시작할 실험에 대해서 자세하게 설명 좀 부탁드릴게요."

"수소와 산소가 반응해서 물이 되는 과정을 살펴보는 실험입니다."

"요즘 화제가 되고 있는 원자파와 분자파의 분쟁에 종지부를 찍을 실험인 만큼, 이 실험에 대한 온 국민들의 관심이 집중되고 있는데요. 저도 결과가 어떻게 나올지 너무 궁금합니다."

그렇게 몇 분 후에 실험이 끝났고, 드디어 결과가 나왔다.

"네, 드디어 결과가 나왔습니다. 수소와 산소가 반응해서 물이 되는 과정을 살펴본 결과 수소 분자와 산소 분자가 2대 1의 비율로 섞이면 물분자가 나온다는 것이 밝혀졌습니다. 이 반응은 원자로는 설명할 수 없습니다. 그러므로 모든 물질의 기본은 분자라는 게 판명 났습니다. 온 국민이 지켜보는 가운데 행해진 실험인 만큼 신뢰성에는 아무런 문제가 없고요. 이에 과학공화국 정부에서는 분자를 반응의 기본 단위로 결정하기로 결론을 내렸습니다."

분자가 물질의 기본 단위라는 사실에 원자파 사람들은 맥이 빠졌고, 그와 반대로 분자파 사람들의 얼굴에는 화색이 돌았다.

분자파 사람들은 기쁜 마음으로 다들 회식을 갔고, 원자파 사람들은 서로를 위로하기 위해서 회식을 했다.

그렇게 회식을 하고 기쁜 마음에 집으로 돌아오던 김분자 씨는 과식을 한 탓인지 속이 너무 좋지 않았고, 금방이라도 뒤가 터져 나올 것 같은 느낌이 들었다. 차에서 내린 김분자 씨는 급한 마음에 엉덩이를 꽉 잡은 채 엘리베이터로 돌진했다.

'16층까지 어떻게 참아? 윽……'

그런데 엘리베이터 앞에서 김원자 씨가 엘리베이터를 기다리고 있었다.

김분자 씨를 본 김원자 씨는 갑자기 화가 치밀어 오르기 시작했고, 김분자 씨를 쏘아보았다.

'그런데 저 자식 안색이 왜 저래? 승리자치고는 너무 불편해 보이는데?'

"표정이 왜 그래요? 속이라도 안 좋은 모양이죠?"

"말 걸지 마요. 걷지도 못하겠으니까."

'요놈 봐라, 좋아. 안 그래도 짜증나 죽겠는데, 어디 당해 봐라.'

2층에서 내린 김원자 씨는 집으로 들어가지 않고 계속 위층으로 올라갔다.

"3층입니다."

"뭐야, 이거?"

"4층입니다."

"5층입니다."

"윽…… 김원자 이 자식이…… 죽겠는데. 윽윽윽…… ."

"15층입니다."

괄약근에 힘을 주고 있던 김분자 씨는 인간의 한계에 다다랐고, 결국엔 힘이 풀리면서 뒤에서 터져 나오기 시작했다.

"뿌지직…… 뿌지직."

"16층입니다."

"김원자, 널 용서하지 않겠어!"

그렇게 찝찝한 채로 김분자 씨는 집에 들어갈 수밖에 없었다.

"여보, 텔레비전 봤어. 축하해. 근데, 이거 무슨 냄새야?"

"아니야, 아무것도……."

한편 실험 결과를 방송으로 지켜본 아마추어 화학자 김아마 씨는 오늘도 밤을 새서 열심히 연구를 하고 있었다.

'모든 물질의 기본은 분자라는 거지?'

"아마 씨, 퇴근 안 해?"

"네, 조금만 더 있다가 하려고요. 먼저 가세요."

"젊은 사람이 쉬엄쉬엄 해. 그러다가 쓰러져."

주위의 걱정에도 아랑곳하지 않고 김아마 씨는 있는 열정을 다해서 연구에 몰두해 있었다. 그러던 어느 날 그는 전자현미경으로 금속을 관찰하던 도중 금속에는 원자들이 규칙적으로 배열되어 있다는 사실을 발견했다.

'분명히 모든 물질의 기본은 분자라고 했는데, 금속에는 분자가 없으니 물질의 기본은 분자가 아니라 원자가 아닐까?'

이 문제로 원자파와 분자파가 또 한 번 한자리에 모였고, 모두가 있는 앞에서 김아마 씨는 이 사실을 발표했다.

"그럼 그렇지. 모든 물질의 기본은 분자가 아니라 원자야. 내 그럴 줄 알았다니까."

"옳소, 저 사람은 천재야 천재. 이런 식이면 노벨 화학상도 문제없겠어."

"무슨 소리야. 이미 물질의 기본은 분자라는 게 판명이 났는데."

"그러게, 정부에서도 이미 인정한 문제에 대해 얘기 꺼내고 싶지 않소."

"그런 게 어디 있어? 새로운 사실이 밝혀졌으면 그걸 받아들이는 게 당연한 거지."

"저런 아마추어 말을 어떻게 믿어. 우린 인정할 수 없소."

"그래, 저 아마추어 화학자가 우리를 상대로 사기를 치고 있는지도 몰라. 우리 당장 저 사람을 화학법정에 고소합시다."

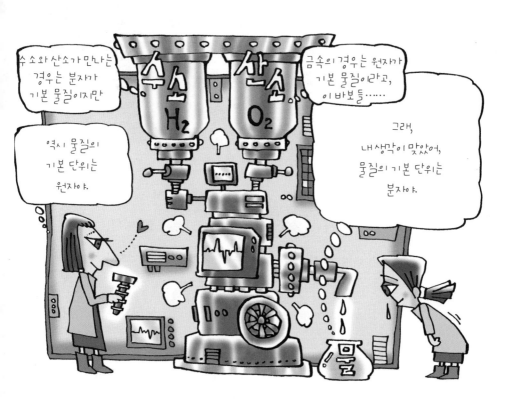

보통은 분자가 물질의 기본 단위이지만,
금속은 분자를 만들지 않으므로 금속의 기본 단위는 원자입니다.

물질의 기본은 분자일까요? 원자일까요?
화학법정에서 알아봅시다.

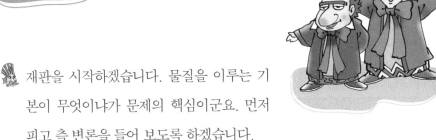

재판을 시작하겠습니다. 물질을 이루는 기본이 무엇이냐가 문제의 핵심이군요. 먼저 피고 측 변론을 들어 보도록 하겠습니다.

얼마 전 과학공화국 정부에서는 모든 물질의 기본은 분자라고 발표를 했는데요. 피고가 연구하는 과정에서 금속은 분자로 존재할 수 없다는 사실을 실험을 통해 밝혀냈습니다. 고대로부터 사실인 듯 내려오던 것들도 실제를 밝혀 아니면 바꿔서 바르게 만드는 것이 현대의 과학인데, 발표를 했다고 해서 틀린 사실을 그대로 우기는 것은 불합리하고 에너지 낭비입니다. 얼른 바르게 고쳐야 합니다.

그럼 물질의 기본이 원자라고 말하는 원고 측 변론을 들어 보겠습니다.

과학공화국에서 물질의 기본 단위를 분자라고 발표하기 전에 분명 모든 사람들이 지켜보는 가운데 실험이 진행되었고 수소와 산소가 만나 물이 되는 과정을 확인했습니다. 수소와 산소는 원자인데 물의 성질을 나타내는 것은 아니지 않습니까?

그렇군요. 수소도, 산소도, 따로는 물의 성질을 나타내지 못하

는군요. 수소와 산소가 반응을 해야만 물이 되는 거니까요. 피고 측 변론하시겠습니까?

그렇지만 금속은 분명 원자로 존재합니다. 원고 측 변호사 이것은 어떻게 설명하시겠습니까?

물질의 기본 단위가 분자임을 증명하기 위하여 물질연구소의 우직한 박사님을 증인으로 요청합니다.

증인 요청을 받아들이겠습니다.

검은 양복을 입은 40대 후반의 남성이 법정 안으로 들어왔다. 큰 키와 부리부리한 눈매에 카리스마가 넘쳐 법정에 들어서는 순간 사람들의 집중을 한 몸에 받았다.

박사님은 물질의 기본 단위가 원자인지 분자인지 아시겠지요?

물질의 기본 단위는 엄연히 말해 두 가지 다일 수도 있습니다. 하지만 일단 물질의 기본 단위는 분자라고 말해 두지요.

그럼 원자도 기본 단위가 될 수 있다는 말씀이십니까?

보통은 분자가 기본 단위이지만, 원자가 기본 단위가 되는 특별한 경우도 있습니다.

어떤 경우에 원자가 물질의 기본 단위가 되나요?

분자는 원자들이 모여서 만듭니다. 예를 들어 수소 분자는 수소 원자 두 개가, 산소 분자는 산소 원자 두 개가 모여서 만들지요.

 모든 분자가 원자 두 개로 이루어져 있나요?

 그렇지는 않습니다. 물 분자는 수소 원자 두 개와 산소 원자 한 개로, 암모니아 분자는 질소 원자 한 개와 수소 원자 세 개로 이루어져 있지요. 산소 분자나 수소 분자처럼 하나의 원소로만 이루어진 물질을 홑원소 물질이라고 하고, 물이나 암모니아 분자처럼 두 종류 이상의 원소로 이루어진 물질을 화합물이라고 하지요. 하지만 물질의 화학적 성질을 나타내는 것은 분자입니다. 즉 물은 산소와 수소 원소로 이루어져 있지만 산소나 수소의 성질이 아닌 물의 성질을 가지지요. 그러므로 대부분의 물질에서는 원자가 물질의 기본 성질을 나타내는 게 아니라 분자가 물질의 기본 성질을 나타내지요.

 그렇다면 어떤 경우에 원자가 물질의 기본 성질을 나타내나요?

 그건 바로 금속입니다. 금속은 분자를 만들지 않습니다. 원자들이 일정한 규칙에 따라 놓여 있는 구조로 되어 있지요. 그러므로 금속의 기본 성질은 금속 원자에서 나오게 됩니다.

원자와 원소

원소는 더 이상 분해되지 않는 물질을 이루는 기본 성분이고, 원자는 더 이상 쪼개질 수 없는 가장 작은 알갱이로 물질을 구성하는 기본 입자입니다.

 자세한 설명 감사합니다. 그럼 판결 부탁드립니다.

 양측 모두의 의견을 수렴하여 결론을 내리도록 하겠습니다. 기본적으로 물질의 기본 단위는 분자이지만, 금속은 분자를 만들지 않으므로 금속의 기본 단위는 원자라고 판결합니다.

모래사장이 금광으로 변신하던 날

모래사장에서 정말 금을 채취할 수 있을까요?

"네, 다음 분 들어오세요."

"안녕하세요."

"네, 안녕……."

고개를 들던 거만해 씨는 터져 나갈 것 같은 여자의 몸매를 보고
는 인상을 찌푸렸다.

"저기…… 무슨 일로?"

"에어로빅 강사 구한다기에 왔는데요?"

"내가 보기엔 아가씨는 에어로빅 강사를 해야 할 게 아니라, 에어
로빅 회원으로 등록해야 할 거 같은데? 안내 데스크는 입구 쪽에

있으니까 그쪽으로 가 보세요."

김뚱녀 씨는 거만해 씨의 거침없는 발언에 얼굴이 빨개졌고, 덩치와는 어울리지 않는 개미 기어가는 목소리로 말했다.

"그래도 제가 왕년에 에어로빅 국가 대표 선수였는데……."

국가 대표 선수라는 말에 귀가 확 뜨인 거만해 씨는 뒤돌아 나가려는 김뚱녀 씨를 붙잡아 세웠다.

"지금의 뚱뚱보 아가씨가 과거엔 국가 대표 선수였다? 이거 인터넷 검색 1순위감인데? 그래, 아가씨가 에어로빅 국가 대표 선수였단 걸 어떻게 증명하지?"

"제가 몸은 이래도 아직 동작은 쓸 만해요. 원하신다면 한번 보여 드릴게요."

잠시 후 음악이 나오자, 김뚱녀 씨는 저게 정말 그녀의 몸인가 싶을 정도로 훌륭한 에어로빅 동작을 선보이기 시작했다.

'그래, 몸은 뚱뚱해도 저만하면 쓸 만해. 거기다가 국가 대표 선수였다는 걸로 홍보를 하면 회원들도 더 늘어날 거야.'

이런 생각이 든 거만해 씨는 당장 김뚱녀 씨를 고용했고, 다음 날부터 김뚱녀 씨는 '거만해 헬스클럽' 에어로빅 강사로 출근하게 됐다.

그리고 국가 대표 출신의 에어로빅 강사가 직접 에어로빅을 가르쳐 준다는 플래카드를 온 동네방네에 걸었다.

"국가 대표 에어로빅 강사와 함께하는 에어로빅 여행. 국가 대표 에어로빅 강사와 함께라면 일주일 안에 5킬로그램도 문제없어요.'

이 플래카드를 본 사람들은 국가 대표 에어로빅 강사라는 말에 속는 셈치고 거만해 헬스클럽에 가입을 했고, 하루 만에 헬스 클럽의 회원수가 어마어마하게 불어났다.

"글쎄, 에어로빅 강사가 국가 대표 출신이라잖아요?"

"그러게요, 국가 대표 출신이니까 잘 가르쳐 주겠죠?"

"두말하면 잔소리지. 그건 그렇고 국가 대표 출신이면 몸매도 너무 좋아서 우리 같은 아줌마들이랑은 완전 비교되겠는걸요?"

"근데, 시간 다 됐는데, 에어로빅 쌤은 왜 이렇게 안 오는 거야?"

아줌마들 틈에서 몸을 풀고 있던 김뚱녀 씨는 의기소침해졌지만, 5년 만에 얻은 직장에서 이대로 주저앉을 수 없다는 생각에 용기를 내기로 했다.

"여러분들, 반가워요."

"저 사람 누군데 저기서 저렇게 인사를 한대?"

"그러게, 에어로빅 쌤 오실 시간 다 됐는데."

"저 사람도 에어로빅 배우러 온 사람인가? 하긴 저 몸매에 급하기도 했겠다."

"아유…… 그러게. 나보다 더 심한 사람이 있다는 걸 우리 영감탱이가 봐야 하는 건데."

"여러분, 제가 에어로빅 강사예요. 오늘부터 우리 열심히 해봐요."

"우리, 완전 낚였어."

사람들은 술렁거렸지만, 한 달 등록을 한 상태라 어쩔 수 없이 한 달 꾹 참고 다닐 수밖에 없었다.

그러던 어느 날 거만해 헬스클럽 직원들은 여름철을 맞아 동해의 해수욕장으로 피서를 가게 됐다.

"미스 날…… 오일 발라 줄까?"

"으흠…… 그래 주시겠어요?"

"사장님 저도……."

"미스 김도 선탠하려고? 몸도 뚱뚱한데 새까맣기까지 하면 어쩌겠단 말이야?"

김뚱녀에 대한 거만해 씨의 거침없는 구박들은 끊이지 않았고, 김뚱녀 씨는 성형 수술을 하기로 결심했다.

"너 정말 성형 수술할 거야?"

"그래, 나 결심했어."

"니 정도면 성형 수술하다가 죽을지도 모르는데…… 그래도 할 거야?"

"그래, 죽어도 좋아."

거만해 씨에게 복수해 줄 날만을 꿈꾸며 김뚱녀 씨는 세 차례에 걸쳐 성형 수술을 받았고, 수술은 성공적으로 끝났다.

"김뚱녀 너 정말 예뻐졌다. 너희 부모님이 봐도 못 알아보겠다."

"나 예쁘지? 나도 거울 보면서 깜짝깜짝 놀라."

"참, 거만해 헬스클럽에서 에어로빅 강사 구하던데, 어때? 이번이 기회인 거 같은데."

김뚱녀 양은 자신의 정체를 숨긴 채, 면접을 보러 갔다.

"합격! 합격! 두말할 필요도 없이 당장 계약합시다."

김뚱녀가 들어가자마자 거만해 씨는 당장 계약을 하자고 보챘고, 다음 날부터 김뚱녀 씨는 거만해 헬스클럽에 출근하게 됐다.

성형 수술을 한 김뚱녀라는 사실을 알 리 없는 거만해 씨는 미모가 완벽한 강사에게 점점 호감을 느끼게 됐다.

김뚱녀 씨는 그동안 거만해 씨에게 당한 걸 분풀이라도 하듯 이것저것 사 달라고 졸랐고, 김뚱녀 씨의 미모에 눈이 먼 거만해 씨는 김뚱녀 씨가 원하는 것이라면 뭐든지 사 주었다.

그러던 어느 날 거만해 씨와 김뚱녀 씨는 작년에 갔던 동해의 해수욕장으로 드라이브를 가게 됐다. 김뚱녀 씨는 작년의 악몽이 떠올랐다.

"오빠, 오빠는 내가 해 달라는 거 전부 해 줄 수 있어?"

"그럼."

"저 하늘의 별도 따다 줄 수 있어?"

"우리 아기, 당연하지."

"하늘의 별은 됐고, 이 모래사장 가지고 싶은데."

"응? 모래사장?"

"응…… 오빠랑 나랑 단 둘이서만 여름철의 피서를 즐기고 싶은데. 다른 사람들이 예쁜 내 얼굴 보는 거 부끄럽단 말이야. 왜 안 돼? 나만의 욕심이야?"

그렇게 해서 거만해 씨는 모래사장을 사들이기 위해 부동산을 찾아갔다. 그런데 모래사장이 강남의 빌딩 값이랑 맞먹는다는 사실을 알게 된 거만해 씨는 부동산 업자에게 따졌다.

"사기를 쳐도 유분수지, 누가 누구한테 사기를 쳐? 나 거만해야. 이깟 모래 땅덩이 팔아먹으면서 강남 빌딩 값을 받아 처먹어?"

"이건 그냥 모래사장이 아니에요?"

"그냥 모래사장이 아니면 금덩이라도 숨겨 놓았냐?"

"그래요, 여긴 사실 금광이에요."

"이 사람이 지금 누굴 바보로 아나? 모래사장에 금광이 말이 나 돼?"

"말이 되고말고요."

"이 사람이 끝까지…… 안 되겠어. 당신을 당장 화학법정에 고소하겠어."

강이나 바다에 있는 모래에서도 금을 얻을 수 있습니다.
이렇게 모래에서 얻은 금을 '사금'이라고 합니다.

모래에서 금이 나올 수 있나요?
화학법정에서 알아봅시다.

재판을 시작하겠습니다. 모래사장이냐? 아니면 금광이냐? 그것이 문제군요. 어느 쪽이냐에 따라 모래사장 가격이 하늘과 땅을 오가겠는걸요. 원고 측 변론 시작하세요.

모래사장은 해변일 뿐입니다. 여름에 모래사장이 펼쳐진 해변에서 연인과 가족들이 선탠을 즐기며 휴식을 취하는 피서지라고요. 그런 모래사장이 금광이라니? 그럼 사람들이 금광에서 해수욕을 즐긴다는 말인가요? 속여도 너무 표 나게 속이는 것 아니에요? 가뜩이나 해수욕장을 구경한 지 5년이 넘어서 피서 얘기만 나오면 속상해 죽겠는데…….

해수욕장을 못 가서 속이 상한 겁니까? 일단 해수욕 얘기는 그만 하고 변론이나 계속하시죠?

원고가 바보도 아니고, 피고의 말에 속을 거라고 그런 거짓말을 한 겁니까? 판사님! 피고는 거짓을 말하는 것이 분명합니다. 다른 사람을 속여서 이득을 취하려는 이런 사기꾼은 엄중히 그 죄를 물어야 합니다.

원고 측 변론대로 모래사장이 금광이 되는 일이 절대 불가능하다고 증명되면 죗값은 굉장할 것입니다. 피고의 말이 가능한 일인지 먼저 알아봐야겠군요. 피고 측 변론하세요.

금광은 보통 높은 산에만 있다고 생각하는 사람들이 많습니다. 그렇지만 산뿐 아니라 강이나 바다의 모래에서도 금을 얻을 수 있습니다. 이렇게 모래에서 얻은 금을 사금이라고 하지요. 여기서 '사'는 모래를 뜻합니다. 사금에 대한 자세한 내용은 금 제련 연구 단지의 연구팀장으로 계시는 강빛나 씨를 모시고 말씀 들어 보겠습니다. 증인 요청합니다.

증인 요청을 받아들이겠습니다.

40대 초반의 아줌마가 분홍색 머리띠에 귀걸이, 목걸이, 팔지, 반지 금 세트로 장식하고 법정에 들어섰다.

역시 금 제련 연구 단지 팀장님인 것을 한번에 알아보겠습니다. 멋지시군요. 순금입니까? 하하하.

감사합니다, 순금이지요. 호호호…….

모래에서 금을 채취할 수 있다는데, 사실입니까?

가능합니다. 실제로도 활용되고 있습니다. 모래 속 금이라고 해서 사금이라고 부릅니다.

모래에 어떻게 금이 생기는 거죠?

금이 들어 있는 암석이 풍화에 의해 부서지고 그 가루가 물에

떠내려가다가 모래사장에 쌓인 거죠. 강물이나 바닷물에 녹아 있던 아주 적은 양의 금이 여기에 붙어 더 크게 자라서 입자가 커지기도 합니다. 바다 근처에서 발견되는 것은 파도 때문에 평평한 것이 많고요. 큰 덩어리로 발견된 사금은 괴금이라고 부릅니다.

모래 속에 흩뿌려진 것과 같은 사금을 어떻게 채취할 수 있나요?

일반적인 채집법은 먼저 사금을 포함한 흙과 모래를 쟁반에 담아서 물속에서 흔들어 흙과 모래를 흘려보냅니다. 그런 다음 사금을 포함한 흙을 경사진 빨래판이나 가마니 위로 흘려보내 그 흠이나 올 사이에 멈추게 해서 금을 얻습니다.

보석상에서 볼 수 있는 반지나 귀걸이들 가운데 사금으로 만든 것도 있겠군요.

금은 어떤 방법으로 얻든 모두 성분이 같습니다. 당연히 사금으로도 장신구를 만들 수 있지요.

강이나 호수, 해변의 모래에서 금을 채취하는 것은 충분히 가능하며 지금도 사금을 많이 채취하고 있다고 합니다. 원고가 사려던 모래사장에는 피고의 말처럼 금이 많이 있을 확률이 있지요. 원고가 모래사장을 거액을 주고 사려면 우선 피고와 함께 사전 조사를 해보면 되겠지요. 모래사장에 금이 있다면 모래사장은 거액에 거래가 될 것입니다.

판결합니다. 모래사장에 금이 있을 가능성이 있으니 원고는 피고와 함께 사전 조사를 해볼 것을 권합니다. 모래에서 금을 채취할 수 있다는 것을 알았는데, 앞으로 모래사장에서 금을 채취하려는 사람이 많아질까 염려가 되는군요. 아무 해변이나 금이 있는 것은 아닌 듯하니 사서 고생을 하는 사람은 없기를 바랍니다.

재판 후 원고는 모래사장을 구입할 의사가 있다면서 피고와 함께 금이 나오는지 조사했다. 결국 그 바닷가 모래사장은 사금이 나오는 것으로 밝혀져 높은 가격에 팔렸다.

 연금술사들의 원소 기호

연금술사는 다음과 같이 그림으로 원소를 나타냈다.

| 알카리 | 구리 | 금 | 철 | 납 | 수은 | 은 | 소금 | 황 | 플로지스톤 |

양철과 함석

양철도 녹이 슬까요?

사건속으로

"아저씨, 이 장롱은 써도 되는 건가요?"

"응, 누가 버렸기에 주워서 고쳤는데, 필요하면 쓰도록 하렴. 아 근데, 두 번째 서랍장이 없으니까 대충 쓰면 될 거야."

"아…… 고맙습니다."

"그리고 불편하거나 필요한 거 있으면 언제든지 내려와서 말하고."

쫌생이 씨는 대학가에서 원룸을 운영하고 있었다. 건물 한 채를 소유하고 있어 벌어들이는 수입은 짭짤했지만, 어느 것 하나 쉽게 사는 법이 없는 알뜰한 사람이었다.

쫌생이 씨 집에 세 들어 사는 세입자 양은 세탁기가 없어서 불편을 겪고 있었다.

"너 왜 계속 전화 안 받았어?"

"아 빨래 좀 하느라고. 빨래하다가 손 닳는 줄 알았네."

"너 손빨래했니?"

"응, 가난한 자취생에게 세탁기가 있어야 말이지."

"너희 원룸엔 세탁기 없어?"

"응, 없던데. 그러는 너희 원룸에는 세탁기 있냐?"

"당연하지. 한 층마다 하나씩 공동으로 사용하는 게 있는데. 다른 원룸에도 다 있어. 너도 아저씨한테 놓아 달라고 말해 봐봐. 아저씨 친절하시다면서?"

"정말, 다른 데는 다 있어? 뭐야…… 아저씨한테 한번 말해 봐야겠는걸."

친구의 말을 들은 세입자 양은 다음 날 아저씨의 일터인 피자가게 일 층으로 찾아갔다.

"아저씨, 다른 원룸엔 공동 세탁기 있다던데 저희도 공동으로 쓸 수 있는 거 하나 봐 주시면 안 될까요?"

"아, 세탁기가 없어서 불편하구나? 진작 봐 줬어야 하는데. 며칠만 기다려 줄래?"

"그럼요. 고맙습니다."

세입자 양의 요구를 들은 쫌생이 씨는 아내에게 이 사실을 말했다.

"원룸에 공동 세탁기를 하나 놓아 달라 그러네. 세탁기를 하나 장만하든지 해야겠어."

"아, 그래요? 세탁기 하나 사면 최소 60만 원은 깨질 텐데. 아참, 어제 언니네 집에 세탁기 고장 나서 새로 샀다 그러던데. 언니한테 고장 난 거 달라고 그럴까요? 당신 고치는 거라면 자신 있잖아요. 한번 고쳐 봐요."

"그거 좋지. 내일 당장 가져오자고."

다음 날 세탁기를 가져온 쫌생이 씨는 고장 난 세탁기를 고치는 데 몰두했고, 며칠 뒤 세탁기를 다 고친 쫌생이 씨는 원룸으로 세탁기를 옮겼다.

"어, 세탁기잖아."

"그러게, 놔주신다더니 정말 그러셨네. 이제 빨래 걱정 없겠는걸? 어디 가까이 가서 한번 볼까?"

세입자 양과 그녀의 친구는 세탁기를 구경하기 위해서 세탁기 가까이 다가갔다.

"어라, 이게 뭐야? 이거 90년대 세탁기잖아."

"어머 진짜…… 이 세탁기 너무 멋진 거 아니냐? 완전 복고풍인데."

새 세탁기일 거라 생각했던 세입자 양은 볼품없이 닳은 헌 세탁기가 자리 잡고 있는 모습을 보고 약간 실망하긴 했지만, 성능엔 문제가 없으니 만족하기로 했다.

"그런데 너희 집엔 곰팡이가 왜 이렇게 많이 폈어?"

"그치? 징그러울 정로도 심하지?"

"응, 아저씨한테 도배 새로 해 달라 그래. 곰팡이가 몸에 얼마나 안 좋은데."

"아저씨한테 말하면 해 주겠지?"

"응, 도배하는 사람 부르면 금방 끝나니까 하루만 하면 될걸. 도배할 동안 우리 집에 가 있으면 되지."

세입자 양은 곰팡이가 심해서 도배를 해 달라고 쫌생이 씨에게 부탁했고, 쫌생이 씨는 그러겠다고 말했다.

"세입자 양이 방에 곰팡이가 심하게 폈다고 도배를 해 달라 그러는데?"

"곰팡이가 심하다고요? 진즉 말하지. 곰팡이가 몸에 얼마나 안 좋은데."

"그러게 말이야. 이번 주 일요일 낮에 집 비울 수 있다고 도배를 해 달라 그러는데."

"그럼 그래요."

"도배장이 부르면 돈이 많이 들 텐데 우리가 직접 도배 한번 해 볼까?"

"힘들긴 하겠지만 그래요 그럼."

어느덧 일요일 아침이 됐고, 쫌생이 씨 부부는 도배를 위한 모든 준비를 갖춘 채 세입자 양의 집으로 왔다.

 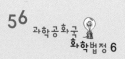

"짐은 가운데로 옮겼지?"

"네, 그런데 아저씨가 직접 도배하세요?"

"응, 우리가 사부작사부작하면 될 거 같아서. 저녁쯤에 끝날 거 같으니까 그때 와."

"네, 그럼 수고하세요."

세입자 양은 집에서 도배를 할 동안 친구네 집에 가 있었다.

"너희 집 도배하고 있어 지금?"

"응, 그런데 도배하는 사람 불러서 하는 게 아니라, 아줌마 아저씨가 직접 한대."

"우아…… 너희 아줌마 아저씨 짱이다."

"그러게, 아저씨 완전 만능 엔터테이너야. 피자를 못 굽겠어, 장롱을 못 고치겠어, 세탁기를 못 고치겠어, 그렇다고 도배를 못하겠어, 완전 기술자다 기술자. 하하하."

그렇게 쫌생이 씨는 필요한 게 있으면 좀 수고스럽더라도 직접 만들거나 고쳐서 사용하였다.

하루는 쫌생이 씨의 아들이 쫌생이 씨에게 침대를 사 달라고 졸랐다.

"아빠, 어제 친구 집에 놀러 갔는데 침대 있더라. 나도 침대 사 주면 안 돼?"

"조그만 게 침대는 무슨? 그냥 땅바닥에서 자면 되지."

"엄마 아빠도 침대에서 자고, 친구들도 다 침대에서 자는데 왜 만

날 나만 땅바닥에서 자야 돼? 나도 침대에서 자고 싶단 말이야."

쫌생이 씨의 아들은 쫌생이 씨를 따라다니며 몇날 며칠을 침대를 사 달라고 졸랐다.

그러던 어느 날 아침 집 앞을 쓸고 있던 쫌생이 씨는 누가 버린 매트를 발견했다.

'누가 이런 멀쩡한 매트를 버린 거야? 그렇지, 이걸로 침대를 만들어 볼까?'

쫌생이 씨는 매트를 보는 순간 침대를 사 달라고 조르는 아들이 떠올랐고, 매트는 있으니 침대를 직접 만들면 되겠다는 생각이 들었다. 그러고는 침대에 필요한 재료를 사기 위해 가게에 갔다.

"침대를 만들려고 하는데, 어떤 재료를 사용하면 좋을까요? 되도록이면 녹이 안 스는 걸로 했으면 좋겠는데."

"양철 가구와 함석 가구 둘 다 녹이 안 스는데, 어떤 걸로 하시겠어요?"

"그래요? 가격은 어느 게 더 저렴한가요?"

"양철이 좀 더 싸답니다."

"그럼 양철로 주세요."

그렇게 양철을 구입한 쫌생이 씨는 하루 만에 침대를 만들었고, 아들의 방에 놓아 줬다.

자신에게도 침대가 생겼다는 사실에 너무 기뻐한 쫌생이 씨의 아들은 친구들에게 자랑을 하고 싶은 마음에 며칠 후 친구들을 자신의 집으로 초대했다. 아이들이 장난을 치면서 노는 동안 침대에 기스가 생겼고, 그 이후부터 녹이 심하게 슬기 시작했다.

"아빠, 내 침대 색깔이 이상해."

"어디 보자. 녹이 슬었잖아? 분명히 업자한테 녹이 슬지 않는 걸로 달라고 그랬는데!"

화가 난 쫌생이 씨는 업자를 찾아갔다.

"당신이 분명히 양철은 녹이 안 슨다고 해서 구입했는데, 지금 침대에 녹이 슬어서 형편없어요. 도대체 어떻게 된 거예요?"

"그걸 왜 저희한테 와서 그러세요? 분명히 양철은 녹이 슬지 않는다고요!"

"이 사람 정말 뻔뻔하구면. 녹이 슬어 있는 걸 내 두 눈으로 보고 왔는데도 발뺌할 거야?"

"어쨌든 양철 땜에 녹이 슨 게 아니니까 저희는 책임질 수 없어요."

"보자보자 하니까 내가 보자기로 보이는 모양인데, 화학법정에 당신을 고소하겠어!"

나함석은 상처가 나도 녹이 잘 안 슬지. 철보다 반응성이 좋은 아연이 먼저 공기랑 반응하거든. 그래게 양철말고 나함석을 샀어야지.

양철에 입힌 주석은 산소와 잘 반응하지 않아
내부의 철을 보호하지만, 양철 표면에 흠이 생기면
화학 반응을 잘 일으키는 철이 먼저 산소와 반응하여 녹이 슬므로
주석을 입히기 전보다 부식이 더 잘 일어납니다.

양철은 왜 녹이 슬었을까요?
화학법정에서 알아봅시다.

재판을 시작하겠습니다. 피고 측 변론하
세요.

양철과 함석은 둘 다 녹이 슬지 않습니다.
철로 만든 제품은 녹이 슬지만 양철과 함석은 철을 가공하여
녹슬지 않게 만들기 때문에 녹슬 리가 없는 거지요.

그렇다면 원고는 피고의 권유로 양철판을 산 게 분명한데, 양
철판이 녹슨 이유는 무엇일까요?

그건……음…… 다른 녹이 묻어서 그런 것 아닐까요? 원고의
과실로 다른 곳에서 묻었을 수도 있으니까요.

그럴까요? 원고 측 변론을 들어 봐야겠군요.

피고 측 주장처럼 양철과 함석이 철을 가공하여 만드는 것은
맞지만, 양철이 녹이 슬지 않는다고 말할 수는 없습니다. 양철
과 함석은 둘 다 철에 다른 금속으로 얇은 층을 입힌 것인데
요. 이 얇은 층이 있을 때는 녹이 슬지 않지만 얇은 층이 벗겨지
면 문제는 달라집니다. 어떤 것이 녹이 스는지, 그 원인은 무
엇인지 증인을 모시고 설명드리겠습니다. 증인으로는 전기도
금협회 이사장님이신 나도금 씨가 자리하고 계십니다.

증인은 증인석에 앉으십시오.

40대 초반 정도의 정장 차림을 한 남자가 손바닥만한 양철 과 함석을 양손에 들고 조용히 자리에 앉았다.

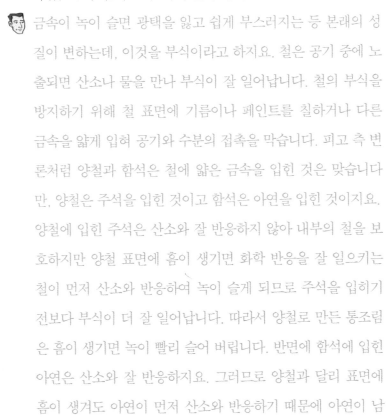 양철과 함석은 둘 다 철에 얇은 금속을 입힌 것인데 어떤 차이 가 있죠? 두 금속 모두 녹이 슬지 않나요?

금속이 녹이 슬면 광택을 잃고 쉽게 부스러지는 등 본래의 성 질이 변하는데, 이것을 부식이라고 하지요. 철은 공기 중에 노 출되면 산소나 물을 만나 부식이 잘 일어납니다. 철의 부식을 방지하기 위해 철 표면에 기름이나 페인트를 칠하거나 다른 금속을 얇게 입혀 공기와 수분의 접촉을 막습니다. 피고 측 변 론처럼 양철과 함석은 철에 얇은 금속을 입힌 것은 맞습니다 만, 양철은 주석을 입힌 것이고 함석은 아연을 입힌 것이지요. 양철에 입힌 주석은 산소와 잘 반응하지 않아 내부의 철을 보 호하지만 양철 표면에 흠이 생기면 화학 반응을 잘 일으키는 철이 먼저 산소와 반응하여 녹이 슬게 되므로 주석을 입히기 전보다 부식이 더 잘 일어납니다. 따라서 양철로 만든 통조림 은 흠이 생기면 녹이 빨리 슬어 버립니다. 반면에 함석에 입힌 아연은 산소와 잘 반응하지요. 그러므로 양철과 달리 표면에 흠이 생겨도 아연이 먼저 산소와 반응하기 때문에 아연이 남

아 있는 동안은 철이 녹슬지 않습니다.

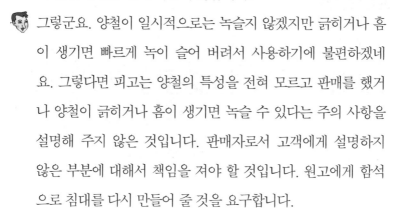

그렇군요. 양철이 일시적으로는 녹슬지 않겠지만 긁히거나 홈이 생기면 빠르게 녹이 슬어 버려서 사용하기에 불편하겠네요. 그렇다면 피고는 양철의 특성을 전혀 모르고 판매를 했거나 양철이 긁히거나 홈이 생기면 녹슬 수 있다는 주의 사항을 설명해 주지 않은 것입니다. 판매자로서 고객에게 설명하지 않은 부분에 대해서 책임을 져야 할 것입니다. 원고에게 함석으로 침대를 다시 만들어 줄 것을 요구합니다.

피고는 양철과 함석의 차이를 제대로 알고 판매를 했어야 하는 책임이 있음을 인정합니다. 하지만 침대에 생긴 홈은 원고 측의 부주의로 생긴 것이니 피고는 원고에게 판매 금액의 절반을 배상할 것을 판결합니다.

재판 후 정부는 양철과 함석을 판매하는 업자들에게 양철과 함석의 차이를 공고하여 소비자들이 재료의 특성과 주의점을 제대로 알고 구입하도록 하였다.

 산화와 환원

라부아지에의 이론에 따르면, 연소 반응이나 금속이 녹스는 반응은 물질이 산소와 화합하는 반응입니다. 이 반응을 산화라고 부르며, 금속의 재와 나무를 함께 가열할 때 금속으로 바뀌는 것은 산소와 금속의 화합물에서 산소가 사라져 원래의 금속이 되는 과정으로, 환원이라고 부릅니다.

리튬, 나트륨, 칼륨을 구별하라

리튬, 나트륨, 칼륨은 어떻게 구별할 수 있을까요?

"아빠, 오늘 성적표 나왔어."

"어디 보자 우리 아들. 와우. 또 전교 일등 했네? 역시 똑똑한 우리 아들은 걱정 없다니까. 근데 윤호는 어디 갔어?"

아들 방을 쳐다보던 김복자 씨는 자기 몰래 살금살금 방으로 향하고 있는 윤호를 발견했다.

"야 김윤호! 너 어디를 도망가!! 빨리 성적표 가지고 오지 못해!"

어쩔 수 없이 아빠에게로 온 윤호는 성적표를 꺼내 들었다.

"이 녀석 이거 또 꼴등이야?"

"그래도, 더 떨어지진 않았잖아? 아빠 히히……"

"지금 그걸 자랑이라고 하니?"

"아니…… 아빠 위로해 줘야 하는 거잖아."

"이 녀석이 정신 못 차리지. 너 도대체 이래 가지고 뭐 되려고 그래? 응? 응? 응?"

"괜찮아, 공부 못해도 성공만 하면 되잖아. 빌 게이트도 옛날엔 낙오자였대. 내가 빌 게이트보다 키가 작아, 얼굴이 못생겼어, 빌 게이트 저리 가라 그래. 나도 성공할 수 있다구."

"대신 넌 빌 게이츠보다 머리가 비었잖아. 그리고 빌 게이트? 빌 게이츠겠지."

"넌 좀 빠져. 이 짜샤……"

김복자 씨에겐 민호와 윤호 두 쌍둥이 아들이 있었다. 민호는 공부를 잘해서 한 번도 전교 일등을 놓치는 일이 없을 만큼 똑똑했지만, 그와는 반대로 윤호는 공부보다는 노는 데 더 관심이 많았다. 나이가 들고 학년이 올라가면 정신을 차릴 거라고 생각했지만, 새 학년이 되어도 전혀 나아질 기미가 보이지 않았다.

그러던 어느 날 텔레비전을 보고 있던 김복자 씨에게 윤호가 다가왔다.

"아빠, 등 긁어 줄까?"

"이 녀석이 웬일이야? 등 좀 긁어 보고 싶어? 그럼 빡빡 긁어. 오른쪽…… 아니 아니. 거기 말고. 더 밑에."

"어디 여기?"

"아니, 더 밑에. 이 자식은 등 긁는 것도 제대로 못해? 으이그."

"저기, 아빠 있잖아요. 나 폰을 잃어버려서 그러는데, 폰 하나만 사 주면 안 될까요?"

"뭐? 등 긁어 준다 할 때부터 이상하다 싶었어. 폰은 왜?"

"아니. 어제 패싸움 한다고 폰을 나눴는데, 폰이 없어졌지 헉!!"

"야 김윤호! 너 죽을래?"

윤호는 자기 방을 향해 도망을 갔고, 김복자 씨는 아들을 잡으러 뛰어갔다. 하지만 김복자 씨가 잡으러 오자 운동 신경이 좋은 윤호는 온 집안을 도망 다니며 피해 다녔고, 이번만큼은 꼭 혼내 줘야겠다고 생각한 김복자 씨는 겨우 아들을 붙잡았다.

"아, 나이도 많으면서 진짜 끈질기네. 아 숨차."

"뭐 이 자식이. 너 지금 아빠가 장난치는 걸로 보여?"

"아빠, 왜 그래?"

"왜 그래? 너 저기 서서 손들어."

"어?"

"아빠 말 못 들었어? 저기 서서 손들라고."

"아빠, 나도 이제 다 컸는데. 하하하."

"그래도 이 자식이. 다 컸으면 잘못해도 혼 안 나도 돼?"

"쳇, 만날 나만 갖고 그래. 아빠 미워!!"

화가 난 윤호는 집을 나가 버렸고, 이것을 본 윤호 엄마는 김복자 씨에게 말했다.

"당신 왜 그래? 그래 가지고 마음 잡겠어 어디? 저런 애들일수록 잘 타일러야 한다고. 들어오면 조용히 타이르자고요."

밤이 늦어서야 윤호는 집에 들어왔고, 김복자 씨 부부는 그런 윤호를 혼내지 않고 조용히 타이르기 시작했다.

"윤호, 너 폰 새로 가지고 싶다고 그랬지?"

"왜왜? 사주려고? 사주려고?"

폰을 갖고 싶냐는 물음에 아까 화났던 마음이 눈 녹듯이 사라졌다.

"그래 인마, 대신 이번에 전교 등수 10등 올려야 돼."

"10등? 1등도 올리기 힘든데 10등은 좀 심하다. 좀만 깎아 주면 안 돼?"

"안 돼! 10등 올리고 폰을 새로 사든지, 아님 그냥 폰 없이 영영 지내든지."

그렇게 해서 김복자 씨와 윤호는 다음 모의고사에서 전교 10등을 올리겠다는 약속을 했다.

그렇게 한 달이 지나고 모의고사 성적이 나왔다.

"400명 중에 397등!!"

"아빠 그래도 3등이라도 올랐으니까 된 거 아니야? 사줘 사줘 사줘…… 제발 제발 제발."

"약속은 약속이니까. 담달에 한 번 더 기회를 주겠어."

윤호는 억울하다면서 계속 김복자 씨를 쫓아다녔지만, 김복자 씨는 윤호의 말을 들은 척도 하지 않았다.

지쳐서 방에 들어온 윤호는 형 민호의 책상에 새 노트북이 있는 걸 발견하고는 아빠한테 달려갔다.

"아빠, 이거 뭐야? 형만 노트북 사주고, 나는 안 사 주고. 나도 노트북 갖고 싶단 말이야. 이건 명백한 차별이야. 나도 사 줘 사 줘!!"

"전교 꼴등 주제에 뭘 또 사 달라고 그래?"

"꼴등 아니야! 꼴등 앞앞앞이거든. 말은 똑바로 하셔야지."

"조그만 게 입은 살아 가지고, 그거 니 형 영재 학교 입학시험 준비하는 데 필요해서 사 준 거야. 넌 필요 없잖아."

"그런 게 어디 있어. 나도 영재 학교 입학시험 치면 되잖아."

"애가, 고집 부릴 걸 부려야지. 전교 꼴등이 무슨 영재 학교 입학시험이야? 니가 영재 학교 입학시험 친다 그러면 지나가던 똥개도 웃겠다."

"나 무시했지. 좋아…… 나 오늘부터 공부해서 영재 학교 입학시험 꼭 칠 거야. 나도 한다면 하는 놈이라고."

김복자 씨는 그런 윤호의 말을 대수롭지 않게 여겼지만, 다음 날부터 윤호는 민호 옆에 앉아서 공부를 하기 시작했다.

'저 녀석 저거 금방 포기하겠지.'

이런 김복자 씨의 예상을 깨고 윤호는 열심히 공부했고, 드디어 시험 날이 되었다.

"우리 아들들 떨리지?"

"응 조금. 그래도 열심히 했으니까 좋은 결과가 있겠지."

"그럼, 난 우리 아들을 믿어."

"아빠, 난 하나도 안 떨려."

"그래, 윤호 넌 그냥 부담 없이 편한 마음으로 시험 치고 와. 커닝하더라도 걸리지는 말고 알겠어?"

"누가 커닝한다고 그래. 형한테는 잘하라고 그러고, 나한테는 커닝하지 말라 그러고. 만날 나만 갖고 그래."

윤호와 민호는 시험을 치렀고, 일주일 뒤에 결과 발표가 났다.

그렇지만 아무리 찾아봐도 합격자 명단엔 민호의 이름이 없었다.

"어? 내 이름이 없네? 어떻게 된 거지?"

"괜찮아, 우리 아들. 최선을 다했으면 된 거야. 아빠는 그거로도 만족해."

"아니야, 나 시험 다 잘 쳤단 말이야. 떨어질 리가 없어. 리튬, 나트륨, 칼륨 섞여 있는 거 구별하는 문제만 좀 어려워서 못 풀었는데, 그것 때문에 떨어진 거 같아."

"뭐? 리튬, 나트륨, 칼륨 섞여 있는 걸 구별하라는 문제가 나왔다고? 가만 있어 봐. 그게 다 같은 은백색인데 도대체 어떻게 구별하라는 거지? 출제자들이 문제를 잘못 낸 게 틀림없어. 이러고 있을 때가 아니지."

잘못 출제된 문제 때문에 자신의 아들이 영재 학교 입학시험에서 떨어졌다고 생각한 김복자 씨는 화가 났고, 시험 출제위원에게 전화를 걸었다.

"영재 학교 입학시험에 리튬, 나트륨, 칼륨이 섞여 있는 걸 구별하라는 문제가 나왔다던데, 도대체 그게 말이나 됩니까?"

"당연하죠. 저희는 엄선한 문제만 출제한답니다."

"아니, 셋 다 똑같이 은백색인데 도대체 어떤 수로 구별을 하란 말입니까?"

"민호 학생 실력이 모자라서 떨어진 걸 가지고 저희한테 자꾸 이러시면 안 됩니다."

"뭐? 당신들이 사이비 문제를 내는 바람에 우리 아들이 영재 학교 입학시험에서 떨어졌는데, 뭐가 어쩌고 저째? 당신들을 화학법정에 고소해서 엉터리 과학자라는 사실을 밝혀내고 말겠어."

리튬, 나트륨, 칼륨은 모두 알칼리 금속으로
화학적 성질이 비슷합니다. 그렇지만 불꽃에 가까이 가져가
보았을 때 나타나는 색깔을 보면 쉽게 구별할 수 있답니다.
리튬은 빨강, 나트륨은 노랑, 칼륨은 보라색으로 변한답니다.

여기는 화학법정

리튬, 나트륨, 칼륨은 어떤 차이가 있을까요?
화학법정에서 알아봅시다.

 재판을 시작하도록 하겠습니다. 원고 측 변론 준비되었습니까?

 네…… 아뇨…… 네…… 준비됐습니다.

 화치 변호사, 왜 그렇게 정신이 없습니까?

 아…… 제가 원고 측인지 피고 측인지 헷갈렸습니다. 허허.

 참. 이제 별걸 다 헷갈려하는군요. 준비되었으면 변론하세요.

 리튬, 나트륨, 칼륨은 화학적 성질이 비슷할 뿐 아니라 색깔도 은백색으로 비슷합니다. 어떻게 구별을 할 수 있단 말입니까? 영재 학교 입학시험을 이렇게 허술하게 출제해도 된단 말입니까? 영재 학교 입학시험을 다시 치를 것을 요구합니다.

 피고 측 변론을 들어 봅시다. 세 원소를 구별할 수 있는 방법은 없는 것인지 변론하십시오.

세 원소는 구별할 수 있습니다. 원소를 구별하는 방법이 색깔만 있는 게 아닙니다. 물론 리튬, 나트륨, 칼륨은 모두 알칼리 금속으로 화학적 성질이 비슷하지만, 몇 가지 방법으로 충분히 구별할 수 있습니다. 알칼리 금속들의 특징과 구별법을 설명해 주실 분을 증인으로 모셨으면 합니다.

받아들이겠습니다. 증인은 어떤 분이십니까? 증인석으로 모시도록 하십시오.

증인은 금속분류센터의 소장님이신 안주기 님이십니다.

머리에 각종 금속으로 만든 왕관을 쓴 소장이 증인석에 앉았다.

이게 무엇입니까?

금속들입니다. 알칼리 금속들을 가져왔습니다. 이건 리튬, 요건 칼륨, 저건 세슘……

그렇군요. 영재 학교 입학시험에서 리튬, 나트륨, 칼륨을 구별하는 내용을 묻는 질문이 나왔다고 하는데요. 알칼리 금속은 어떤 금속입니까?

원소들의 성질은 원자 속에 전자가 어떻게 배치되는지에 따라 결정되는데요. 원자는 가운데 (+)전하를 가진 원자핵이 있고 그 주위에 전자들이 운동하고 있습니다. 전자는 원자핵 주위에 반지름이 다른 원 위에 존재하는데 이것을 전자껍질이라고 합니다. 그러니까 원자에 전자가 채워질 때는 원자핵에서 가까운 전자껍질부터 순서대로 채워지지요. 알칼리 금속은 모두 가장 바깥쪽 전자껍질에 전자가 딸랑 하나만 있는 모습입니다. 물론 그보다 안쪽 전자껍질은 모두 전자들로 채워져 있지요. 그런데 이렇게 전자껍질에 딸랑 하나만 있는 전자는 외로 워서 도망가려는 성질이 강합니다.

전자가 도망가면 어떻게 되죠?

그럼 (−)전기가 하나 줄어드니까 전체적으로 (+)전기를 띠 지요. 이렇게 원자가 전기를 띠는 것을 이온이라고 하는데 (+)전기를 띠기 때문에 양이온이라고 하지요. 이런 알칼리 금속에는 리튬, 나트륨, 칼륨, 루비듐, 세슘 등이 있어요.

알칼리 금속들의 화학적 성질이 어떻게 비슷한가요?

알칼리 금속은 연하고 무른 금속이며 다른 금속에 비해 녹는 점, 끓는점이 낮고 밀도가 작습니다. 그리고 다른 물질과 반응 을 잘 하기 때문에 공기 중에서 쉽게 산화되어 은백색 광택이 금방 사라집니다. 그리고 물과 반응하면 수소가 발생하기 때 문에 공기와 수분이 없는 석유나 액체 파라핀에 넣어 보관합 니다.

화학적 성질이 비슷한 알칼리 금속을 어떻게 구별할 수 있습 니까?

물론 화학적 성질이 비슷한 알칼리 금속이지만 구별할 수 있 는 방법이 몇 가지 있습니다. 끓는점이나 녹는점 차이로도 구 별할 수 있지만, 가장 확실한 방법은 불꽃에 가까이 가져가 보 는 겁니다. 그때 나타나는 색깔을 보면 구별하기 아주 쉽죠. 리튬은 빨강, 나트륨은 노랑, 칼륨은 보라색이고요, 그 밖에도

루비듐은 진한 빨강, 세슘은 파랑색이랍니다.

 불꽃에 가져갔을 때 색깔이 달라진다는 사실만 알면 간단히 해결할 수 있는 문제였군요. 영재학교 입학시험 문제는 전혀 이상이 없이 제대로 출제된 문제였다는 걸 확인했습니다. 단순한 지식으로 이의를 제기한 원고는 반성하십시오.

원고의 잘못을 인정해야겠군요. 앞으로는 흥분하기 전에 차분히 몇 가지 책을 찾아보고 문제 제기를 하는 게 어떨까 합니다. 오늘 재판에서는 알칼리 금속에 대해서 많은 것을 알 수 있었네요.

색깔과 관련된 이름의 원소

우선 크롬을 들 수 있습니다. 크롬의 화합물은 오렌지, 노랑, 빨강 등 색깔이 다양하기 때문에 색을 뜻하는 단어 크로마(Chroma)에서 그 이름을 따왔습니다. 로듐은 장미 빛깔을 닮아 그리스어로 장미를 뜻하는 단어 로데스(Rodes)에서 그 이름을 따왔습니다. 이리듐은 그리스어로 무지개라는 뜻인데 이리듐의 화합물이 여러 빛깔을 내기 때문에 붙여진 이름이죠. 또 영국의 크룩스가 1861년 발견한 탈륨은 녹색을 띠기 때문에 초록 새싹을 나타내는 탈로스라는 말에서 그 이름을 따왔고, 라이히가 1863년 발견한 인듐은 쪽빛을 띠기 때문에 라틴어에서 쪽빛을 뜻하는 단어인 인디시움에서 그 이름을 따왔습니다.

알루미늄도 녹슨다니까요

세상에 녹슬지 않는 금속도 있을까요?

"요즘 모 연예인들이 쌩얼 셀카를 올리는 등 쌩얼 열풍이 불고 있는데요, 이런 쌩얼에도 비밀이 있다는 사실 알고 계십니까?"

"쌩얼에 비밀이오? 글쎄요. 전 여자가 아니라서 잘 모르겠는데요. 도대체 어떤 비밀이 있다는 말씀이신지 궁금해지기 시작하는데요."

"네, 사실 쌩얼처럼 보이는 얼굴도 전부 화장을 한다는 사실!! 모르셨죠? 그래서…… 준비했습니다. 바로 오늘의 야심작 쌩얼크림. 이 쌩얼크림은 화장을 한 듯 안 한 듯한 얼굴을 연출해 줘서 슈퍼를

갈 때나, 또는 남자 친구를 만날 때도 부담 없이 유용하게 쓸 수 있는 제품이랍니다."

"아…… 이 쌩얼크림만 있으면 화장 끝이란 말씀이시죠?"

"물론이죠. 다른 거 바를 필요 없이 요 녀석 하나만 발라도 깨끗한 피부를 연출해 주기 때문에 특히 아침에 바쁘신 여성분들에겐 강추하고 싶은 제품입니다."

"이 쌩얼크림은 화장품계의 만능 엔터테이너군요. 하하."

"그럼요, 여기 모델 분들이 나와 있는데, 쌩얼크림의 효력 직접 눈으로 한번 확인해 볼까요?"

김소비 씨는 늘 그렇듯이 오늘도 홈쇼핑 TV를 보고 있었다.

"아빠, 저거 진짜 신기하다. 연예인들 쌩얼이 쌩얼이 아니래."

"저거 맘에 드냐? 너희 엄마 하나 사줄까?"

"아니, 우리 엄마는 화장 안 해도 예쁘잖아."

"너 아빠한테 거짓말하면 못써!!"

"쳇 아빠도."

"네, 오늘 쌩얼크림 특별 할인가로 판매하고 있다죠?"

"네…… 그렇습니다. 쌩얼크림 판매 50만 개 돌파 기념으로 원래 가격 2만 5000원에서 할인된 가격 1만 9990원에 판매하고 있고요, 일 플러스 일 행사로 하나 가격보다 더 저렴하게 두 개를 구입하실 수 있습니다. 여기서 끝이 아니겠죠. 추첨을 통해서 뽑힌 세 분에게는 명품 가방 국찌 지갑과 백을 선물로 드리고 있습니다. 한정 물량이니까 서둘러서 주문해 주시기 바랍니다. 아래 전화번호로 얼른 연락 주세요."

"한정 물량이래!! 어 몇 개 안 남았다. 이거 너희 엄마 사 줘야 겠는걸."

"으이그, 아빠도 못 말려 진짜."

김소비 씨는 과학 연구에 몰두하느라 집에 들어오지 못하는 날이 많았는데, 집에 들어올 때면 자신이 좋아하는 홈쇼핑몰 채널을 즐겨 봤다. 그러고는 그 홈쇼핑몰 채널을 통해서 아내 또는 아들에게 선물하고 싶은 물건을 사서 주곤 했는데, 평소에 아내와 아들에게 신경을 써 주지 못한 미안한 마음을 표현하기 위해서였다.

"여보, 당신 쌩얼크림이 뭔지 알아?"

"쌩…… 쌩얼크림이요? 하하, 글쎄요? 그게 뭐예요?"

"연예인들보면 화장 하나도 안 했다고 그러잖아. 그게 진짜 쌩얼이 아니라 쌩얼크림이라는 화장품을 바른 거래. 참 웃기지? 그러고 보면 당신이 진짜 쌩얼 미인인데. 그렇지?"

"당신도 참."

김소비 씨의 부인 김내숭 씨는 남편이 그런 말을 하자 속으로 뜨끔한 생각이 들었다. 평소 내숭이 많은 김내숭 씨는 얼마 전 홈쇼핑을 통해 쌩얼크림을 알게 되어 사용했지만, 남편에겐 화장을 하지 않은 것처럼 연기를 했던 것이다.

"이참에 당신도 쌩얼크림 한번 발라 봐. 당신 화장 안 하고 맨얼

굴로 다니는데, 그러면 자외선 때문에 피부가 빨리 늙어. 어때 당신도 찬성하지……?"

"아니에요, 전 괜찮아요."

"괜찮긴, 50만 개 기념으로 특가로 판매하던데, 이참에 아예 일 년 치를 다 사는 걸로 하자. 내 마음이니까 부담 갖지 말고 받아. 응?"

'이런 된장…… 어제 홈쇼핑에서 초특가로 판매하기에 일 년 치 사놨는데, 이럴 줄 알았음 조금만 살걸.'

일 년 치 쌩얼크림을 이미 구매해서 장롱 속에 숨겨둔 김내숭 씨는 남편이 쌩얼크림을 사 준다는 말에 당황스런 생각이 들었지만, 이런 사실을 남편은 모르는 터라 숨길 수밖에 없었다.

"참, 여보 우리 베란다 새시를 좀 바꿔야 할 듯싶은데요?"

"새시? 왜 바꾼 지 얼마 안 됐잖아?"

"그런데, 녹이 슬었는지, 문도 잘 안 열리고 삐걱거려서 다시 바꿔야겠어요."

"그럼, 내일 당신이 알아서 바꾸도록 해."

"알겠어요."

다음 날 김내숭 씨 혼자서 홈쇼핑 채널을 보고 있었다.

"네, 오늘은 좀 특별한 상품을 소개하는 걸로 알고 있는데요?"

"그렇습니다. 이것이야말로 홈쇼핑의 진가를 보여 줄 수 있는 제품이 아닌가 하는 생각이 듭니다."

"도대체 어떤 제품이기에 이렇게 바람을 잡는 건지 무척이나 궁금한데, 빨리 소개 좀 해 주시면 안 될까요?"

"안나 씨, 혹시 집에 새시가 녹이 슬어서 갈고 나면, 얼마 지나서 또 녹이 슬어서 속상했던 적 없으세요?"

"없긴요, 너무 많죠. 또 녹이 슬면 이번에도 갈아야 하나 말아야 하나 그런 생각도 들고, 정말 속상했어요."

"네, 우리 주부들이라면 이런 일 때문에 속상해한 적이 한 번쯤은 다 있을 듯한데요. 이런 우리 주부들의 고충을 한층 덜어 주기 위해서 녹안슬어 중소기업에서 녹이 슬지 않는 새시를 개발해 냈다고 합니다."

"녹이 슬지 않는 새시라. 아, 정말 반가운 소식인데요. 근데 녹이 슬지 않는 새시가 과연 가능한가요?"

"그럼요, 기존의 새시와는 다르게 알루미늄을 사용해서 가공한 새시로 전혀 녹이 슬지 않는다고 해요."

"정말 대단합니다. 근데, 믿을 만한 제품인가요?"

"그럼요, 벌써 청와대에서도 이 알루미늄으로 새시를 물갈이했다고 합니다."

"와 대단합니다. 그럼 가격은 어떻게 되나요? 신제품이라서 비쌀 거 같은데."

"전혀 그렇지 않습니다. 2×2미터에 7만 원 하는 걸 오늘은 특가 세일로 5만 원에 판매하고 있습니다. 이것도 한정 수량으로 정해져 있으니, 얼른 서둘러서 전화 주시기 바랍니다."

'녹이 슬지 않는다고? 가격도 저 정도면 저렴하고…… 바로 내가 찾던 거야! 저걸로 사야겠어.'

녹이 슨 새시 때문에 애를 먹고 있던 김내숭 씨는 홈쇼핑을 보고 주문을 하기 위해 바로 전화를 걸었다.

"안녕하십니까? 다사세요 홈쇼핑입니다. 무엇을 도와드릴까요?"

"금방 방송에 나온 알루미늄 새시를 주문하고 싶은데요?"

"네네…… 알루미늄 새시 말씀이십니까? 죄송하지만 알루미늄 새시는 현재 품절되었습니다."

"그럼 이젠 구입할 수 없나요?"

"네네…… 아닙니다. 그럼 예약주문하시겠습니까?"

"예약 주문하면 언제쯤 받아볼 수 있는데요?"

"네네…… 잠시만요. 예약 주문하면 일주일 후에 수령 가능합니다."

"그럼 예약 주문할게요."

알루미늄 새시는 단 몇 초 만에 팔릴 만큼 선풍적인 인기를 끌었고, 김내숭 씨는 새시를 바꾸기 위해서 일주일 동안 기다려야 했다.

그날 저녁.

"새시 바꾼다더니 아직 안 바꿨네?"

"오늘 홈쇼핑 보니까 녹이 슬지 않는 알루미늄 새시가 새로 나왔더라고요. 그래서 그걸로 사려고 전화했더니 벌써 다 팔리고 없다지 뭐예요? 예약 주문해 놨는데, 다음 주쯤에 배달된다고 했어요."

"지금 녹이 슬지 않는 새시라고 그랬어?"

"네…… 녹이 슬지 않는대요. 잘됐죠?"

"세상에 그런 금속이 어디 있어? 내가 직접 그 회사에 전화해 봐야겠어."

따르릉

"네네…… 다사세요 홈쇼핑입니다. 무엇을 도와드릴까요?"

"아까, 알루미늄 새시 주문한 사람인데요. 세상에 녹이 슬지 않는 금속이 있다는 게 말이나 됩니까?"

"네, 저희 새시는 청와대에서도 사 갈 만큼 인정을 받은 제품입니다."

"글쎄, 인정을 받고 안 받고를 떠나서 금속에 녹이 슬지 않는다는 게 말이 안 되잖아요."

"네네…… 손님 흥분하지 마시고요. 저희는 정말 녹이 슬지 않는 알루미늄 새시만을 판매한답니다."

"이 사람이 정말 말로 해서는 안 되겠군. 당신들을 화학법정에 고소하겠어요."

모든 금속은 언젠가는 녹이 습니다. 알루미늄도 금속이기 때문에 녹이 슬며 오히려 철보다 산화가 더 잘 되어 쉽게 녹습니다. 다만 알루미늄에 생긴 녹은 투명해서 잘 보이지 않을 뿐입니다.

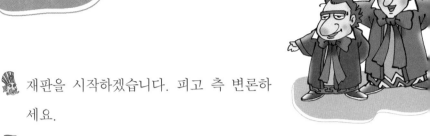

녹이 슬지 않는 금속이 있을까요?
화학법정에서 알아봅시다.

재판을 시작하겠습니다. 피고 측 변론하세요.

녹슨다 녹 안 슨다…… 녹슨다 녹 안 슨다…….

피고 측 변호사 지금 뭐 합니까?

사랑한다…… 안 한다…… 사랑한다…… 안 한다…… 놀이 몰라요? 크크.

그걸 응용해서 녹 슨다 안 슨다…… 주문을 외고 있었어요. 히히.

그래서 녹이 슨다던가요? 안 슨다던가요? 변론은 하시긴 하실 겁니까?

네, 변론합니다. 결론은 당연히 녹 안 슨다입니다. 녹안슬어 중소기업에서 만든 녹슬지 않는 알루미늄 새시는 청와대에서까지 인정한 제품으로 새시계에 파란을 일으키고 있습니다. 알루미늄 새시를 사용해 보지도 않고서 녹슬지 않는 금속이 없다고 주장하는 것은 전혀 공감할 수 없습니다. 알루미늄 새시는 사용한 사람들 모두가 우수성을 인정한 제품입니다.

이제 좀 제대로 된 변론을 하는 것 같군요. 사용한 사람들이 그렇게 인정했다면 옳은 말일 수 있겠습니다.

옳은 말일 수 있는 게 아니고 제 말이 옳습니다. 판사님 너무 하시네요. 제가 항상 틀릴 거라는 고정관념을 버려 주십시오.

아…… 미안합니다. 고정관념을 가진 게 아니라 그동안 화치 변호사의 말은 쉽사리 인정하기 힘들었다는 건 본인이 더 잘 알 것 같은데요.

음…… 그건 좀 그렇긴 하네요. 에구구…… 계속 진행하시죠.

그럼 원고 측 변론을 들어 보겠습니다.

결론부터 말하자면 녹슬지 않는 금속은 없습니다. 당연히 알루미늄도 녹이 습니다. 단지 녹이 슬어도 알루미늄이 철보다 사용하는 데 유리한 점이 많기 때문에 알루미늄의 인기가 높은 것입니다. 알루미늄이 어떤 특성이 있으며 철보다 어떤 점이 좋은지 알아봅시다. 설명을 위해서 증인을 요청하는 바입니다.

증인을 허용합니다. 증인은 누구입니까?

알루미늄연합의 대표이사 강금속 님을 모시겠습니다.

30대 후반쯤으로 보이는 젊은 남성이 법정 안으로 들어왔다. 인상은 매우 차가웠지만 카리스마 하나는 누구보다도 강 렬했다.

증인은 누구보다도 추진력이 강한 성격으로 알루미늄을 대중화하기 위해 열심히 홍보해 오셨는데요. 알루미늄이 정말 녹슬지 않는 겁니까? 그리고 어떤 특성이 있기에 사람들에게 사랑을 받는 것입니까?

모든 금속은 언젠간 녹슬기 마련입니다. 금속은 공기 중의 산소와 반응하기 때문에 녹이 스는데요. 녹이 스는 것을 과학적으로는 산화한다고 표현하지요.

알루미늄을 두고 '가벼우며 녹이 슬지 않기 때문에 창틀에 많이 이용된다'고 말씀하시는데 이 말은 화학적으로 틀린 말입니다. 알루미늄도 금속이기 때문에 녹이 스는 것은 당연하며 오히려 철보다 산화가 더 잘 되어 쉽게 녹습니다. 알루미늄은 공기 중에 노출되면 표면에 매우 단단하고 투명한 산화알루미늄 막을 만드는데요. 이 막은 공기와 물이 스며들 수 없도록 내부의 알루미늄을 보호해 줍니다. 오래된 알루미늄 창틀 표면이 새것일 때보다 껄끄러운 것을 보면 알루미늄이 녹슬지 않는 것이 아니라 단지 생긴 녹이 투명해 잘 보이지 않을 따름이란 것을 알 수 있습니다.

이에 반해 철의 표면에 생기는 산화철 막은 엉성해 공기 중 산소와 수분의 침투를 막지 못할 뿐 아니라 표면에서 쉽게 떨어져 나가기 때문에 내부의 철이 녹스는 것을 막아 주지 못하지요. 철의 부식을 방지하게 위해 페인트 또는 기름칠을 하거나

주석이나 아연으로 도금하기도 하며 철보다 잘 녹스는 금속을 연결하여 그 금속이 먼저 녹슬게 하는 방법을 쓰기도 합니다.

알루미늄은 가볍고 산화되어도 색이 변하지 않으며 내부의 알루미늄을 보호한다니, 산화가 더 잘 일어나는데도 철 대신 알루미늄이 인기를 끄는 이유가 있었군요. 알루미늄이 녹슬지 않는다고 과장 광고를 한 홈쇼핑에서는 사과 방송을 하고 다음번 방송부터 '알루미늄이 녹슬지 않는다' 는 멘트는 '녹이 슬어도 색이 변하지 않아 표가 나지 않는다' 고 수정해야 할 것입니다.

과장 광고를 한 것이 인정되므로 지금까지 판매한 거래처나 소비자에게 과장 광고를 바로잡는 안내장을 배부하십시오. 앞으로 알루미늄 광고에서 알루미늄이 녹슬지 않는다고 언급해서는 안 될 것을 판결합니다.

재판 후 알루미늄업자들의 광고는 다음과 같이 바뀌었다.

'알루미늄은 녹이 슬어도 색이 변하지 않아 표가 나지 않는다.'

 알루미늄

알루미늄은 지구의 지각을 이루는 주요 구성 원소 중 하나입니다. 지각을 구성하는 8대 원소는 산소, 실리콘, 알루미늄, 철, 칼슘, 나트륨, 칼륨, 마그네슘의 순으로 많은데, 알루미늄은 지각을 이루는 원소 중 세 번째로 많은 원소입니다.

구리로 자석을?

금속은 모두 자석에 붙을까요?

김깜빡 씨는 10분째 온 방을 뒤지며 뭔가를 찾고 있었다.

"아 어디다가 놓아뒀더라. 분명히 책상 위에 올려놨는데. 안경에 다리가 달려서 도망갔을 리도 없고. 안방에 놔뒀나?"

김깜빡 씨는 작업실에서 나오면서 부엌에서 밥을 하고 있는 아내에게 물었다.

"여보……내 안경 못 봤어?"

"오늘은 왠지 조용하다 싶었더니 또 시작이야? 못 봤어요."

"이상하다. 그럼 애들 방에 있나?"

김깜빡 씨는 딸의 방의 문을 열고 얼굴을 빠끔히 내밀었다.

"까꿍 베이비…… 혹시 아빠 안경 못 봤어?"

"못 봤는데."

"오케이…… 딴 데 찾아봐야겠네."

"아빠, 잠깐만. 아빠 안경이 어디 있는지 정말 모르겠어?"

"음 글쎄다. 알고 있다면 찾지도 않겠지?"

"내가 보기엔 안경은 아빠랑 너무 가까운 곳에 있는 거 같아."

"뭐? 그럼 넌 내 안경이 어디 있는지 알고 있단 말이니?"

김깜빡 씨의 딸은 한심한 눈으로 아빠를 쳐다보면서 거울을 내밀었다.

"오 마이 갓! 요 녀석 내 머릿속에 숨어 있었군. 하하…… 고맙다 내 딸아."

이렇게 김깜빡 씨는 건망증이 너무 심해서 하루에도 몇 번이고 집 안을 시끄럽게 만들었다.

"여보, 간장이 다 떨어져서 그러는데 잠깐 밖에 가서 간장 좀 사다 주면 안 될까요? 지금 밥하느라고 정신이 없어서요."

"오케이…… 그런 거라면 나한테 맡겨. 또 필요한 건 없어?"

"없으니까 까먹지나 말고 얼른 다녀와요."

아내의 부탁을 받은 김깜빡 씨는 간장을 사기 위해서 마트를 향해 걸어가고 있었다. 혹시나 간장을 사러 가고 있다는 사실을 잊어버리진 않을까 하는 걱정이 앞선 김깜빡 씨는 '햇살 햇살 햇살' 시엠송에 간장을 대입해서 노래를 부르면서 길을 가고 있었다.

"♬간장 간장 간장……"

한참 길을 가고 있는데, 누군가가 김깜빡 씨를 불렀다.

"이거 김깜빡 아닌가?"

"어라 이게 누구야? 정말 오랜만이야."

"그러게, 요즘 글은 잘 쓰고 있나? 또 작품 발표해야지?"

"그럼 지금 생각하고 있는 글이 있어서 작업을 하고 있긴 해. 근데 여긴 웬일인가?"

"친구 집이 이 근처라서. 근데 자넨 지금 어디 가는 길인가?"

그 순간 김깜빡 씨의 머리는 백지처럼 멍해졌고, 자신이 왜 밖에 나와 있지는 기억하려 해도 도저히 기억할 수가 없었다.

"글쎄, 내가 왜 여기 나왔지?"

"자네 건망증은 여전하구만. 잘 생각해 봐. 뭔가 떠오를 거야."

한참을 생각하던 김깜빡 씨는 웃음을 지으며 말했다.

"아 이제 생각났다. 밥 먹고 저녁 산책 가던 중이었네. 산책을 하고 나면 머리가 맑아져서 이런저런 영감이 떠오르거든."

"그래? 그럼 담에 또 보세."

그렇게 친구랑 헤어진 김깜빡 씨는 마트를 지나쳐서 공원으로 향했다. 공원을 한 바퀴 돌던 김깜빡 씨는 잠깐 벤치에 앉아서 쉬고 있었다. 그런데 갑자기 또 머리가 멍해지면서 자신이 왜 여기 앉아 있는 건지 기억이 나질 않았다

"내가 도대체 여기서 뭘 하는 거지? 아, 도저히 기억이 나질 않아. 브레인스토밍을 한번 해볼까? 좋아…… 집-아내-부엌-저녁-간장-심부름"

"아, 간장!!"

자신이 아내의 심부름으로 간장을 사러 왔다는 사실을 기억해 낸 김깜빡 씨는 얼른 간장을 사서 집으로 돌아갔다.

"여보! 도대체 어딜 갔다 온 거예요? 얼마나 기다렸는지 알아요?"

"아빠 기다리다가 배고파 죽는 줄 알았어."

"미안해, 얼른 밥 먹자 우리."

김깜빡 씨의 건망증은 나아질 기색을 보이지 않았고, 아내는 늘 김깜빡 씨 때문에 황당한 일들을 겪어야 했다.

"도저히 이래선 안 되겠어요. 당신이 만날 깜빡하는 바람에 되는 일이 하나도 없잖아요."

아내는 김깜빡 씨의 건망증을 고쳐 줄 방법이 없을까 하는 고민을 하게 됐고, 포스트잇을 이용해서 금방금방 떠오른 생각이나 할 일들을 메모한 뒤에 벽에다가 붙이도록 했다.

"아! 바로 그거야."

침대에서 벌떡 일어난 김깜빡 씨는 금방 떠오른 생각을 포스트잇에 써서 침대에다가 붙였다.

"뭐가요……?"

"마무리 부분 말이야. 어떻게 해야 할지 생각이 떠올랐지 뭐야."

잘 때나 음식을 먹을 때나 항상 메모지를 분신처럼 들고 다니며, 그때그때 떠오른 생각들을 써서 벽에다가 붙이는 것이 김깜빡 씨의 습관이 되었다.

건망증이 생길 때마다 자신이 메모한 글들을 읽었기 때문에 예전보다 가족에게 주는 피해가 적었고, 떠오른 아이디어를 적어 놓았기 때문에 좀 더 좋은 글을 쓰는 데 도움이 되었다.

그렇게 시간이 흐르다 보니 온 집안의 벽은 김깜빡 씨가 붙여 놓은 포스트잇 메모지로 가득 차고 말았다. 그런데 저녁이 되면 창문을 통해 들어온 바람에 포스트잇 종이가 떨어졌고, 온 집 안 바닥에 포스트잇 종이가 굴러다니게 됐다.

하루는 김깜빡 씨의 딸 친구들이 집에 놀러 왔다.

"벽에 붙어 있는 건 뭐야?"

"아 이건 우리 아빠가 적은 글들이야."

"그래? 너희 아빠 작가구나? 되게 멋있으시다."

"뭘? 이런 건 기본이지 뭐. 우리 말뚝박기나 하면서 놀까?"

"와, 재밌겠다."

애들이 노는 동안 벽에 붙어 있던 포스트잇 종이는 바닥 밑으로 떨어지거나 아이들 옷에 옮겨 붙어, 김깜빡 씨가 적어 놓은 글들이 없어지는 일들이 발생했다.

"오 마이 갓! 내 아이디어! 오늘 바로 이 자리에다가 붙여 놓았는데 어디로 간 거야 도대체? 아무리 찾아봐도 없는데."

"아까 애들이 놀다 갔는데, 그때 없어졌나 봐요."

"아 이를 어쩐담? 아까 생각해 놓은 거라서 도저히 기억이 안 나는데? 당신 알지? 나 한 번 잊어버리면 기억 잘 못하는 거?"

"알다마다요. 당신이 건망증에 걸렸다는 사실을 잊어버리지 않는다는 사실이 정말 놀라울 뿐이에요."

"안 되겠어. 한두 번도 아니고…… 떨어지지 않는 포스트잇은 없겠지?"

"그런 게 어디 있겠어요? 있다 하더라도 그런 걸 사용하면 집 꼴이 정말 우스워질 거라고요."

"아! 이건 어떨까? 집 안의 벽을 금속으로 만들고, 자석으로 메모지를 고정하는 거야. 그러면 떨어져서 집 안을 지저분하게 할 염려도 없고, 분실할 염려도 없고. 어때? 내가 이 생각을 잊어버리기 전에 당신이 잘 기억하고 있길 바라."

"그거 좋은 생각이에요. 내일 가게에 가서 자석으로 고정할 수 있는 벽을 만들어 달라고 부탁해 봅시다."

다음 날 김깜빡 씨와 그의 아내는 가게에 찾아갔다.

"자석으로 고정할 벽을 만들려고 하는데요. 어떤 금속을 사용해야 할까요?"

"아 자석으로 고정할 거라면 당연히 구리를 사용하셔야죠."

"구리요? 자석이 구리에 붙는다는 말은 처음 들어 보는데요."

"저희는 전문가니까 저희만 믿고 맡겨 주세요."

그렇게 가게 업자의 말을 믿고 며칠간의 수리를 통해서 집안의 벽을 구리로 쫙 깔게 됐다.

메모지를 자석으로 깔끔하게 고정할 수 있다는 생각에 부푼 김깜빡 씨는 시험 삼아 자신의 아이디어를 메모지에 쓴 후 자석으로 벽에 붙였다.

그런데 이게 웬일인가?

탁 소리가 나면서 벽에 붙을 줄만 알았던 자석과 메모지가 힘없이 떨어지는 게 아닌가?

"이거 왜 이러지? 작업실만 그런 건가? 거실에다가 한번 붙여 볼까?"

온 집 안을 돌아다니면서 자석을 붙여 보았지만 힘없이 떨어지는 건 마찬가지였다.

가게 업자에게 속았다는 생각이 든 김깜빡 씨는 가게 업자를 찾아가서 따졌다.

"당신 말만 믿고 벽 전체를 구리로 깔았는데, 자석이 전혀 붙지를 않아."

"그럴 리가 없어요. 분명히 자석은 구리에 붙는단 말이에요."

"그럼 지금 내가 거짓말이라도 한단 말이야? 이 사람 정말 안 되겠네. 구리가 자석에 붙는지 안 붙는지는 화학법정에 가서 한번 따져 보자고."

금속 중에는 자석에 붙는 것과 붙지 않는 것이 있습니다.
금속이 자석의 성질을 띠는 것을 '자화' 라고 하는데 자화가 잘
일어나지 않는 금속은 자석에 달라붙지 않습니다. 예를 들어,
구리나 금, 은과 같은 반자성체는 자석에 잘 붙지 않습니다.

구리가 정말 자석에 붙을 수 없는 걸까요?
화학법정에서 알아봅시다.

 재판을 시작하겠습니다. 피고 측 변론하십시오.

밀고…… 당기고…… 밀고…… 당기고…….

피고 측 변호사 지금 뭐 하는 겁니까? 변론하시라니깐요.

아, 네. 벌써 재판이 시작됐나요? 에고에고…… 자석 갖고 놀다가 시간 가는 줄 몰랐네. 히히.

정신없고 엉뚱한 건 여전하군요.

죄송…… 한 번 봐주시죠…… 히히, 변론을 시작하겠습니다. 금속은 자석에 붙는 성질이 있다는 것쯤은 다들 아시죠? 구리도 당연히 금속입니다. 그렇다면 구리는 당연히 자석에 붙는 거죠. 게다가 가게 주인이 전문가인데 엉터리 정보를 주었을 리가 있나요? 혹시 약한 자석을 사용해서 벽에 붙을 힘이 없었던 것 아닐까요? 자석을 바꿔 보지 그랬어요? 우아…… 오늘 변론 제가 생각해도 완벽한 것 같은데 판사님이 보시기엔 어떠세요? 크크크…… 이번엔 제가 분명 이길 거예요. 그죠? 판사님…….

그거야 두고 보면 알겠죠. 지금까지 이겨 본 적이 한 번이라도 있어야 화치 변호사를 믿든지 하죠. 이제 원고 측 변호사의 변론을 들어 봅시다.

구리가 자석에 붙는다고요? 모든 금속이 자석에 붙을 거란 생각은 버려야 합니다. 자석에 붙지 않는 금속이 있는데, 구리가 여기에 속합니다. 이에 대한 설명을 금속제련연구단지의 강자성 박사님을 모시고 말씀드리겠습니다.

증인은 앞으로 나오십시오.

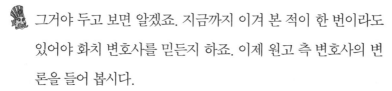

한 남자가 구리, 철, 알루미늄과 같은 금속으로 만든 액세서리를 주렁주렁 달고 요란한 소리와 함께 무거운 몸을 이끌고 천천히 걸어 나와서 증인석에 앉았다.

금속 중에서 자석에 붙는 것과 붙지 않는 것이 있다는데 사실입니까? 어떤 특성 때문에 그런지 말씀 부탁드립니다.

금속은 자석에 붙은 것도 있고 붙지 않는 것도 있습니다. 금속이 자석의 성질을 띠는 것을 자화라고 하는데 자화되는 정도에 따라 강자성체와 반자성체로 나뉩니다.

그 차이는 뭐죠?

강자성체는 자화가 잘 일어나는 물질입니다. 그러므로 자석의 재료가 될 수 있지요. 하지만 반자성체는 자화가 잘 일어나지 않는 물질로 자석에 달라붙지 않습니다.

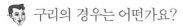 구리의 경우는 어떤가요?

구리는 반자성체에 속합니다. 구리나 금, 은과 같은 반자성체
는 자석에 잘 붙지 않습니다. 반면 강자성체에 속하는 철이나
니켈 등은 자화가 잘 일어나므로 쉽게 자석이 되며, 자석에 잘
달라 붙지요.

그렇다면 구리가 자석에 붙지 못하는 것은 당연한 것이군요.
구리의 특징도 제대로 알지 못하면서 집 안 벽 전체를 구리로
바꾸도록 한 가게 주인은 김깜빡 씨에게 손해 배상할 책임이
있습니다.

원고 측 주장을 인정합니다. 피고는 원고의 집 수리비 일체를
청구하지 않고 수리해 주어야 할 것을 판결합니다.

　　재판 후 정부는 자석 취급업자에게 자석 재료에 대한 교육을 실
시하여 수료증을 획득해야만 영업을 할 수 있도록 조치했다.

금을 얇게 만들어야죠?

단단한 금을 얇게 만들 수 있을까요?

오늘도 일자리를 찾아 헤매다 들어온 구직자 씨는
들어오자마자 아내의 잔소리를 들어야만 했다.

"당신, 오늘도 일자리 못 구한 거예요?"

"요즘 하도 불경기라 그런지 일자리가 하나도 없지 뭐야. 나 때문
에 당신이 고생이구려. 정말 미안해."

"미안하면 땅이라도 파서 돈을 구해 오든지. 하루 이틀도 아니고
이러다가 우리 가족 전부 굶어 죽겠어요."

"조금만 더 참아. 내일은 꼭 일자리를 구해 올 테니."

"그 말 백 번도 더 넘게 들은 것 같네. 당신 말을 믿느니 차라리

콩밭에서 팥이 나길 기대하는 게 더 낫겠어요."

"당신에겐 정말 면목이 없구려. 근데 집이 조용한 걸 보니 아이들은 전부 잠이 들었나 보군. 저녁밥은……?"

"저녁밥 같은 소리 하시네. 먹고 죽으려도 없으니까 그냥 잠이나 자세요."

구직자 씨는 저녁밥도 먹지 못한 채 피곤한 몸으로 잠이 들었다.

'꼬르륵 꼬르륵……'

"아, 배고파."

구직자 씨는 고픈 배를 움켜쥐고 산길을 걷고 있었다.

그때 저 멀리서 흰 연기가 생기더니 구직자 씨의 아버지가 나타났다.

"직자 네 이놈!!"

"어, 아버지. 여긴 웬일이세요?"

"웬일? 이 뻔뻔한 놈 같으니라고, 지금 니 입에서 그런 소리가 나오느냐? 니가 제사를 안 지내는 바람에 삼 년째 쫄쫄 굶고 있다. 이승에선 나름 몸짱이었는데, 네 놈 때문에 지금은 몸무게가 20킬로그램이나 줄었어. 이제 더는 참을 수 없어서 도대체 나한테 무슨 감정이 있어서 제삿밥도 제대로 안 챙겨 주는지 따지러 왔다!"

"흑흑…… 아버지. 이 불효자식을 용서해 주세요. 삼 년째 직장을 못 구하는 바람에 지금 제 처자식도 굶어 죽을 판입니다."

"그래, 처자식도 굶어 죽을 판에 죽은 아비 따윈 안중에도 없다 이거냐 지금."

"그래도 산 사람은 살아야죠. 아버지. 아버지가 이해해 주세요. 대신 돈 벌면 아버지가 좋아하시는 음식 한가득 차려 드릴 테니 너무 섭섭해하지 마세요."

"그 말 정말이지? 니가 이렇게 지내는 걸 보니 내 맘도 편치만은 않구나. 나를 따라오거라, 직자야."

"네 아버지. 그런데 아버지, 좀 천천히 가세요. 이러다가 아버지 아들 숨차서 죽겠어요."

"억울하면 니가 귀신 하든지."

"아버지도 참."

그렇게 한참을 따라가던 구직자 씨는 낭떠러지 앞에서 멈춰 섰다.

"아버지 여긴 낭떠러지잖아요. 도대체 저를 왜 여기로 데리고 오신 거예요?"

"허허허, 직자 네 이놈. 맛 좀 봐라."

구직자 씨는 아버지가 뒤에서 밀어 버리는 바람에 데굴데굴 굴러서 낭떠러지 아래로 떨어졌다.

"으악…… 살려 주세요 아버지. 잘못했어요. 잘못했어요."

그런데 낭떠러지에서 떨어진 구직자 씨는 이상하게 하나도 아프지 않았고, 오히려 푹신푹신한 느낌이 들어서 땅바닥을 보았는데, 수많은 지폐들이 쌓여 있는 걸 보고는 놀라고 말았다.

"이게 꿈이야 생시야? 아버지……."

"야…… 내가 너를 돈방석에 앉게 해 줬으니 돈 벌면 양갱이도 꼭 한 박스 올리도록 해라."

그 순간 구직자 씨는 눈을 번쩍 뜨며 꿈에서 깨어났다.

구직자 씨는 이상한 꿈도 다 있다고 생각하며 자신의 아내에게 꿈 얘기를 해 주었다.

"돈방석? 여보, 이거 아무래도 보통 꿈이 아닌 것 같아요. 우리 당장 로또 사러 가요."

구직자 씨 부부는 숨겨둔 비상금으로 로또복권을 샀고, 드디어 로또 발표 날이 되었다.

"네…… 그럼 지금부터 행운의 여섯 자리 숫자를 발표하겠습니다. 과연 금주의 일등은 누가 될지 정말 궁금한데요."

"행운의 여섯 자리 숫자는 192837입니다. 축하드립니다."

"여보, 이것 좀 봐요. 우리가 로또 일등이에요. 일등!!"

"이럴 수가…… 아버지, 흑흑."

구직자 씨는 로또 덕분에 하루아침에 벼락부자가 됐고, 부자들만 산다는 잘살아 동네로 이사를 가게 되었다.

"여보, 우리가 이런 집에서 살게 될 거라곤 정말 상상도 못했어요. 역시 전 당신을 믿었어요. 호호……."

"그래, 나도 믿기지가 않군. 그동안 고생했으니까 이젠 당신이 하고 싶은 거 맘껏 하면서 살자고."

구직자 씨 부부는 다음 날부터 그동안 가난하게 살아왔던 것에 대한 한풀이라도 하는 듯 집안에 필요한 물건을 이것저것 사들이기 시작했다.

'딩동…… 딩동…….'

"누구세요?"

"배달 왔습니다."

"어서 들어오세요."

"여보 도대체 이건 뭐하는 물건이지?"

"아, 이건 머리 감겨 주는 기계예요. 그냥 누워 있으면 알아서 시원하게 머리를 감겨 줘요. 어제 옆집 김졸부 씨 집에 가니까 있기에 한번 해 봤는데, 너무 시원하더라고요. 당신도 한번 해 봐요."

"그래? 참 신기한 물건이군."

'딩동…… 딩동…….'

"배달 왔습니다."

"이쪽으로 들고 오세요."

"여보, 이건 피아노 아니야? 어제 샀는데, 도대체 왜 또 산 거야?"

"당신도 참. 어제 산 건 애들 연습용으로 산 거고, 이건 그랜저 피아노잖아요. 우리 같은 좋은 집엔 이런 피아노가 딱 어울린다고요. 이건 거실에 장식용으로 놓아둘 거예요. 당신도 맘에 들죠?"

'딩동…… 딩동…….'

"이번엔 또 뭘 산 거야?"

"아…… 식탁으로 쓰려고 금으로 된 판을 주문했어요. 식탁이 너무 단순한 거 같아서요."

배달부가 금으로 된 판을 들고 들어와서 어디다가 놓을지 물었다.

"그건 식탁으로 쓸 거니까 부엌으로 들고 가시겠어요? 어머, 그런데 아저씨 이건 너무 두껍잖아요. 이렇게 두꺼운 걸 어떻게 식탁으로 사용하라고 그러시는 거예요? 더 얇게 해서 식탁용으로 사용할 수 있도록 만들어 주세요."

"이거 어쩌죠? 금은 너무 단단해서 얇게 자를 수가 없어요. 그냥 사용하시죠?"

"어머 아저씨 그런 게 어디 있어요? 고객이 해 달라면 해 줘야 하는 거 아니에요?"

"글쎄, 이건 저희도 어쩔 수 없는 거라서 안 됩니다. 그냥 사용하도록 하세요."

"뭐 이런 아저씨가 다 있어. 그냥 좀 얇게 자르기만 해 달라는데 도대체 왜 안 된다는 거예요."

"금은 단단해서 자를 수가 없는데도요."

"세상에 자를 수 없는 게 어디 있어요. 우리가 아무리 무식하다고 해도 속일 걸 속여야죠. 아저씨를 화학법정에 고소하겠어요."

금은 두드리거나 누르면 얇게 잘 펴지고 잘 늘어납니다.
그래서 금은 우주선의 표면을 코팅하는 데 쓰이기도 하고
순금 화장품이나 치과용 재료, 장신구 등 여러 가지 용도로
편리하게 사용할 수 있답니다.

금을 얇게 만들 수 있을까요?
화학법정에서 알아봅시다.

🗿 재판을 시작하겠습니다. 피고 측 변론해 주
십시오.

😀 룰루랄라…… 오늘 주제는 금이란 말이죠?

키키…… 번쩍번쩍 빛나는 금을 실컷 구경할 수 있겠군
요…….

🗿 무슨 말을 하고 있는 겁니까? 얼른 변론이나 하세요. 변호사
가 본분에 충실해야 되는 거 아닙니까?

😀 판사님도 들뜨시잖아요? 제 눈에 다 보인다고요…… 크크.

🗿 계속 이러실 겁니까?

😀 아, 네네, 알겠습니다. 그만 구박하세요. 변론을 시작하겠습니
다. 금은 고체라서 단단합니다. 단단한 금을 자르기란 쉬운 일
이 아니죠. 원고가 얇게 잘라 달라고 한 것은 불가능한 일인데
자꾸 그렇게 우겨 대면 어떡하라는 겁니까? 불가능한 걸 해
달라고 고소까지 하고 열심히 일해야 할 시간에 재판장에 나
오라니 이건 영업 방해입니다. 도리어 손해 배상을 청구해야
한다니까요.

🗿 금을 얇게 자르는 게 정말 불가능한 듯 말씀하시는군요. 원고

측의 말을 들어 보겠습니다. 원고 측 변호사 변론해 주십시오.

 피고 측 주장은 저희로서는 황당한 말이라고 여겨집니다. 금의 특성을 모르고 하는 말씀이신 듯한데 금속재련연구소의 김 반짝 박사님을 모시고 금에 대해 설명을 하면서 말씀드리겠습니다.

인정합니다. 증인은 나오십시오.

40대 후반의 여성이 목, 팔, 허리 등 여기저기에 눈이 부실 정도로 번쩍거리는 금장식을 걸치고 어깨에 힘을 가득 준 채 뚜벅뚜벅 걸어 나왔다.

여성 박사님이라 더욱 영광입니다. 금이 정말 단단하기 때문에 잘리지 않는 겁니까? 그럼 금으로 만든 장신구는 도대체 어떻게 만들었는지 의문입니다. 속 시원한 설명 부탁드리겠습니다.

변호사님 말씀대로 금이 단단하여 잘리지 않는다면 작은 금장신구는 만들 수 없었겠지요. 금은 아주 잘 잘리며 인류가 발견한 금속 중 단연 으뜸이라고 말할 수가 있는데요. 그 특성을 알면 감탄하지 않을 수 없을 겁니다.

금이 그렇게 대단합니까?

그럼요, 그러니 제가 이렇게 온몸에 금장식을 하고 있을 만큼 금을 사랑하는 것 아니겠어요? 금은 두드리거나 눌렀을 때 얇게 펴지는 성질과 잘 늘어나는 성질이 좋고 유연하며 잘 녹슬지 않습니다. 또 열과 전기도 잘 통하지요. 하나의 금속이 이처럼 좋은 성질을 골고루 가지고 있다는 것은 그만큼 쓸모가 무궁무진하다는 얘기입니다. 예를 들어 계산기나 컴퓨터, 세탁기 등에서부터 미사일, 우주선에 이르기까지 그 용도도 다채롭습니다. 특히 얇게 잘 펴지고 선처럼 길게 뽑히기도 해서 달 탐험선인 아폴로의 표면에 얇은 금박을 입혀 우주에서 날아오는 방사선을 막거나 청심환의 겉을 금박으로 얇게 코팅하게도 합니다. 그 밖에 순금 화장품이나 치과용 재료, 장신구로 쓰이기도 하지요.

금이 정말 많은 곳에 활용되고 있군요. 특히 단단하다고 생각했던 금이 얇게 펴진다는 사실이 새롭습니다. 그럼 원고가 요구한 얇은 금판은 충분히 만들 수가 있음에도 피고가 불가능하다고 말한 거군요. 피고는 모든 사실을 사과하고 원고에게 얇은 금판을 새로 만들어 줄 것을 요구하는 바입니다.

피고는 본인의 과실을 인정하고 빠른 시일 내에 원고가 요구하는 얇은 금판을 만들어 줄 의무가 있습니다. 금과 같이 우리 생활에 유용하게 사용되는 금속들이 무궁무진할 것입니다. 금속을 다루는 사람들에게 각각의 금속의 특징을 공부하도록 하여 그에 상응하는 자격증을 부여하는 방안을 검토해 봐야 할 것입니다.

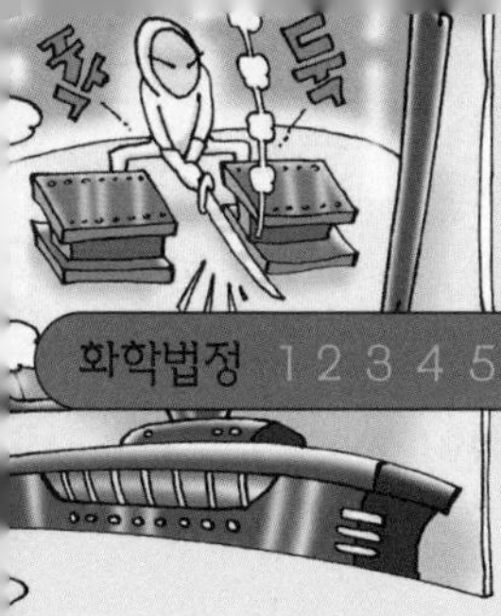

칼로 자를 수 있는 금속

금속을 정말 칼로 자를 수 있을까요?

"선생님, 질문 있습니다."

"뺀질이 이 녀석, 또 왜 원숭이 엉덩이는 빨개요, 이런 거 물어보려고 그러지?"

"선생님도 참. 저 이뺀질을 어떻게 보시고 그러십니까? 저 더 이상 뺀질이가 아니라 빤질이로 새로 거듭났습니다."

장난기가 많은 개구쟁이 뺀질이는 일부러 오버를 해서 선생님에게 말을 했다.

"그래? 그럼 어디 무슨 질문인지 한번 들어나 볼까?"

"사과나 두부 같은 건 칼로 잘 잘리잖아요?"

"그렇지? 근데 왜 칼은 사과로 못 자르느냐는 둥 그런 질문하면 오징어, 땅콩 맞는다."

"선생님도, 제가 왜 그런 수준 낮은 질문을 할 거라고 보시죠? 이번엔 선생님이 틀렸습니다. 칼 같은 금속도 자를 수가 있는지 궁금해서 질문을 드리는 겁니다."

"오…… 우리 뺀질이 오늘 따라 늠름한데? 그건 금속의 단단하기에 따라서 다르기는 하지만 칼로 자를 수 있는 금속도 있지. 이제 해결됐니?"

"네, 선생님. 감사합니다."

늠름한 척 흉내를 내는 데 성공했다고 생각한 뺀질이는 뿌듯한 마음으로 친구들과 집으로 향하고 있었다.

"뺀질이 이 자식, 연기 잘하던데?"

"그것쯤이야. 누워서 침 뱉기지. 이제 담탱이도 나를 더는 무시하지 못하겠지?"

"누워서 침 뱉기? 그건 안 좋은 말인 거 같은데?"

"어쨌든, 이 짜샤…… 대충대충 알아들어."

"뭐, 니가 좋다면 좋은 말인가 보지. 근데, 금속도 칼로 자를 수 있다니. 진짜 신기하지 않냐?"

"이 촌놈들. 신기하긴 뭐가 신기해? 이 형님은 이미 알고 있었다."

"그러지 말고, 우리 솜뭉치에 제보해 볼까?"

"뭐, 솜뭉치? 그거 좋은 생각인데. 내가 먼저 올릴래. 내가."

그렇게 빤질이와 빤질이의 친구들은 함께 빤질이의 집으로 가서 솜뭉치 홈페이지로 들어가서 글을 올렸다.

"우리 같은 초딩이 글 쓰면 채택 안 해 줄지도 몰라."

"그러면? 어떻게 글 쓰지?"

"그런 건 내가 전문이잖아. 이리 내봐."

우리한테 좋은 제보거리가 하나 있어서 이렇게 글을 올린다우. 금속도 칼로 자를 수 있다는 사실, 모두들 알고 계신가, 하하. 나는 알고 있다우. 그 사실을…… 이거 원래 나만 살짝 알려고 했는데, 특별히 솜뭉치에도 알려 주지. 놀랍지 않소? 이 사실은 부모님이 아무 이유 없이 로봇 태권 V를 사 줄 때만큼이나 감격스러운 일이 틀림없다우. 우리의 제보를 채택해 준다면 그 대가로 세일러문 누나를 꿈속에 보내 주겠다우. 그러니 꼭 채택해 주시오.

"빤질이 너, 이게 무슨 말투야?"

"왜? 멋지지 않냐? 이거 우리 할머니 말툰데. 이 정도는 돼야 우리를 무시 안 하지."

"그런가? 역시 빤질이 너. 잔머리 하나는 끝내 준다니까."

그렇게 빤질이와 빤질이 친구들은 솜뭉치에 글을 올렸고, 빤질이와 아이들이 올린 글이 채택되어 방송에 나오게 되었다.

"네, 그럼 다음 제보로 넘어가겠습니다. 이번 제보, 여러분들의 상상을 초월하고도 남을 만한 제보인데요. 전광판 큐."

금속을 칼로 [   ] 수 있다.

"금속을 칼로 띠리리리 할 수 있다. 도대체 뭘 할 수 있을까요?"

"금속을 칼로 부딪칠 수 있다?"

"하하하하. 금속을 칼로 부딪칠 수 있는 건 당연한 거겠죠?"

"금속을 칼로 갈 수 있다?"

"금속을 칼로 간다? 그것도 말은 되는데요?"

"금속을 칼로 조각낼 수 있다?"

"아, 비슷했습니다. 그럼 여기서 확인 들어가 보겠습니다."

"띠리리리…… 금속을 칼로 자를 수 있다."

정답을 확인하는 순간 모든 게스트는 놀라움을 금치 못했다.

"다들 믿기지 않으시죠? 그래서 준비했습니다. 직접 이 자리에서 우리의 실험맨이 몸소 실험을 해 보이겠답니다."

잠시 후 하얀 쫄쫄이 복장을 한 실험맨이 나왔고, 금속을 칼로 자르기 시작했다. 그 순간 게스트들뿐만 아니라 모든 방청객들은 눈이 동그래진 채 조용해졌다.

"뭐야 이거? 저걸 지금 나보고 믿으라고? 금속을 칼로 자르는 게 어디 있어?"

의심이 많은 시청자 한의심 씨는 지금 보고 있는 화면을 믿을 수 없었고, 솜뭉치 홈페이지에 항의를 하기 위해 들어갔다.

"뭐야? 제보도 순 초딩이 했잖아. 저것도 제보라고. 어라, 뭐야? 시청자 의견란도 없잖아. 기가 막혀."

어쩔 수 없이 한의심 씨는 홈페이지에 글을 남기는 대신 직접 제작자에게 전화를 하기로 했다.

"저기요, 금방 솜뭉치 보고 전화 드리는 건데요?"

"네네? 무슨 일이시죠?"

"금방, 금속을 칼로 자르는 장면 있잖아요. 그거 실제 장면인가요?"

"그럼요, 당연한 걸 왜 물어보고 그러세요?"

"아니, 금속을 칼로 자른다는 게 말이나 됩니까? 이거 방송국에서 조작된 필름을 내보내는 거 아니에요?"

"조작된 필름이오? 이 사람이 큰일 날 소리 하네. 말이면 단 줄 알아?"

"왜? 조작된 필름이라고 하니까 찔리나 보네? 당신들 큰 실수했어. 내가 화학법정에 의뢰해서 당신들이 필름을 조작했다는 사실을 꼭 밝혀내겠어."

알칼리 금속은 금속 자체가 무르기 때문에
칼로 자를 수 있습니다. 또 알칼리 금속은 밀도가 낮고
가벼운 금속으로, 어떤 것은 물 위에 뜨기도 합니다.

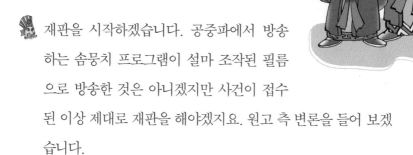

칼로 자를 수 있는 금속이 있을까요?
화학법정에서 알아봅시다.

재판을 시작하겠습니다. 공중파에서 방송하는 솜뭉치 프로그램이 설마 조작된 필름으로 방송한 것은 아니겠지만 사건이 접수된 이상 제대로 재판을 해야겠지요. 원고 측 변론을 들어 보겠습니다.

책이나 인터넷에서 찾아보면 금속의 대표적인 특징으로 단단함을 꼽습니다. 주위에서 흔히 보는 전자제품이나 건물들을 보면 금속으로 만들어졌는데 하나같이 칼이 들어갈 틈조차 없을 정도로 단단하지요. 그런데 금속을 칼로 자른다니? 그 말을 믿는 사람이 바보일 겁니다.

어허…… 제가 몇십 년을 살면서 겪은 경험으로도 대부분의 금속이 단단한 걸로 알고는 있는데…….

그렇지요? 판사님도 금속을 칼로 자른다는 말을 믿을 수 없지요? 이건 믿는 사람이 이상한 겁니다. 아싸…… 이번 재판은 저의 승리입니다. 이것으로 재판을 마치지요. 하하하.

너무 성급하신 듯합니다. 제가 변론할 차례지요?

맞습니다. 화치 변호사가 재판에서 이겨 본 적이 없어서 잠깐

지나가는 말을 듣고도 저렇게 호들갑을 떨 만 합니다. 케미 변호사가 이해하고 변론하십시오.

 금속은 대체로 단단하다고 알려져 있지만 그 정도에 차이가 있습니다. 금속 중에서 리튬, 나트륨, 칼륨과 같은 금속들은 칼로 잘립니다.

칼로 자를 수 있는 금속이 정말 있다는 말입니까?

물론입니다. 알칼리 금속에 대해 상세하게 설명해 주실 분을 모셨습니다. 알칼리 금속 제련 연구소의 나잘려 소장님을 증인으로 요청합니다.

증인 요청을 받아들이겠습니다. 증인은 앞으로 나오십시오.

법정에 들어선 50대 남성은 금속처럼 차갑지만 반짝이는 눈빛으로 씩씩하게 들어왔다.

칼로 자를 수 있는 금속이 있습니까?

있습니다. 칼로 자를 수 있는 이유는 그만큼 무르기 때문입니다. 무른 특징을 가진 금속은 알칼리 금속 종류입니다.

알칼리 금속은 어떤 금속입니까?

알칼리 금속은 반응을 매우 잘 하려는 성질을 가진 원소들로 이루어져 있으며 자연계에 순물질 상태로는 존재하지 못합니다. 알칼리 금속은 밀도가 낮고 가벼운 금속으로, 물보다 밀도

가 낮은 것은 물 위에 뜨기도 합니다. 이런 금속으로는 리튬, 나트륨, 칼륨, 루비듐, 세슘 등이 있습니다.

금속은 물에 가라앉는 걸로 알고 있었는데 물에 뜰 수 있다는 것도 신기하군요.

알칼리 금속은 재미난 특징이 많습니다. 녹는점과 끓는점이 비교적 낮고 찬물과도 폭발적으로 반응하여 수소 기체를 발생시키는 성질이 있습니다. 알칼리 금속이 칼에 잘리는 이유는 금속이 무르기 때문인데요. 단 리튬은 약간 단단하여 자르는 데 조금 힘이 듭니다.

알칼리 금속을 자를 때 별다른 변화는 없습니까?

알칼리 금속이 잘린 단면은 은백색 광택이 나는데 공기 중에 산소와 쉽게 반응하여 곧 광택이 사라집니다. 이렇듯 알칼리 금속은 반응하는 성질이 크므로 공기나 물과의 접촉을 막기 위해 석유나 벤젠 또는 액체 파라핀 속에 넣어 보관해야 합니다.

지금까지 알칼리 금속의 특징을 들어 보았습니다. 알칼리 금속의 무른 성질 때문에 칼로 자를 수 있다는 것을 확인했습니다. 따라서 솜뭉치 프로그램의 필름도 조작된 필름이 아닌 것으로 증명되었군요. 원고는 피고에게 확실한 증거도 없이 모함을 하려고 했습니다. 피고에게 사과할 것을 요구합니다.

알칼리 금속에 속하는 금속은 칼로 자를 수 있다는 사실을 확인하였습니다. 이러한 금속 중에는 물에 뜨는 것도 있다는 사

실도 함께 알 수 있었군요. 이상으로 솜뭉치 프로그램의 필름은 조작된 필름이 아닌 것으로 확인되었습니다. 원고는 피고에 대해 오해한 사실을 인정하고 재판을 마친 후 사과하도록 하십시오. 재판을 마치겠습니다.

 주기율표

1864년 영국의 뉴랜즈는 62개의 원소를 가벼운 것부터 나열하면 여덟 번째 원소는 같은 성질을 띤다는 사실을 알아냈습니다. 그래서 그는 멘델레예프가 주기율표를 발표하자 자신이 먼저 한 일이라고 주장하기도 했습니다. 또 독일의 마이어는 1864년 28개의 원소를 6개의 가족으로 정리하고, 뒤에는 좀 더 보완하여 55개의 원소를 9개의 가족으로 정리했습니다. 하지만 마이어가 정리한 주기율표는 멘델레예프의 논문보다 1년 늦게 발표되었습니다. 그 후 마이어는 주기율표를 누가 먼저 발견했는지를 놓고 멘델레예프와 다투었습니다.

나는 자유로운 전자다

화합물의 전자와 금속의 전자 중 어느 것이 더 자유로울까요?

"뿌웅……."

"아유…… 냄새, 너 계란 먹었냐? 계란 썩은 내가
진동을 하네."

"계란 썩은 내가 진동을 해도 엄마가 기뻐해야 할 소식이 있지!"

"니 방귀 냄새에도 끄떡하지 않고 기뻐해야 할 소식이라면 도대
체 얼마나 기쁜 거냐? 로또라도 당첨된 거냐?"

"로또가 다 뭐야? 그것보다 더 좋은 거지."

"더 좋은 거? 니가 아무데서나 방귀만 뿡뿡 안 뀌고 다닌다면 더
바랄 것도 없겠다, 나는."

"아이, 엄마도. 나 화학 연구소에 취직했어요. 어때? 그래도 안 기뻐?"

"오늘 만우절이냐? 작년 만우절에도 너 엄마한테 똑같은 거짓말 했잖아."

"그래, 그때 엄마한테 죽도록 얻어 터졌었지. 근데, 이번엔 진짜래도. 우리 나신자 여사님의 아들 김백수가 취직을 했습니다."

"정말이야?"

"네, 그렇습니다. 나 여사님. 앞으로 쭉……호강시켜 드리겠습니다."

"와…… 우리 아들 장하다. 화학 연구소라면, 수재들만 들어간다는? 아이쿠…… 이 녀석아, 난 니가 해낼 줄 알았어. 내일부터 출근하는 거야?"

"그렇다니깐."

"그래? 그럼 이러고 있을 때가 아니지. 나가자, 아들아."

"왜? 나신자 여사님께서 한턱 쏘시려고?"

"으이그, 그저 먹는 거밖에 생각 안 나지? 너 5년 만에 취직했는데, 양복이라도 한 벌 해서 입고 가야 할 거 아니냐."

"됐어요, 양복 많은데 뭐."

"이 트렌드도 모르는 자식. 요즘 그런 양복을 누가 입냐. 엄마가 한 벌 뽑아 줄 테니까 나가자."

김백수 씨는 5년간의 공백을 깨고 취직을 하였고, 김백수 씨의 어머니 나신자 씨는 아들이 취직을 했다는 기쁜 마음에 아들에게 양복을 한 벌 선물해 주었다. 그러고는 드디어 김백수 씨가 회사에 첫 출근하는 날이 되었다.

"우리 아들, 옷 다 입었어?"

"응, 근데. 이거 진짜 트렌드 맞아? 무슨 양복에 레이스가 다 있어?"

"레이스 이게 포인트래도, 이 녀석아. 이 옷 딱 입고 가면 사람들이 다 부러운 시선으로 쳐다볼걸?"

"아, 이상한데. 확실한 거지? 트렌드……."

"너 지금 엄마 의심하는 거냐? 엄마한테 고맙다고 인사할 준비나 하라고. 그럼 우리 아들 잘 다녀와."

"네…… 다녀오겠습니다."

그렇게 김백수 씨는 어머니인 나신자 여사가 골라준 레이스가 달린 양복을 입고 출근을 하였다.

"이번 프로젝트는 정말 중요한 거예요. 김백수 씨도 알겠지만, 이 프로젝트에 어마어마한 돈이 들어가고 있으니까, 성심성의껏 최선을 다해서 연구를 해 주길 바라요. 그리고 이 샘플은 하나밖에 없는 거니까 각별히 주의해 주고요."

"넵, 알겠습니다."

중요한 프로젝트라는 상사의 말에 막중한 책임감을 느낀 김백수 씨는 하루 종일 연구에만 몰두해 있었는데, 연구에 몰두하면 할수록 치밀어 오르는 식욕을 억제할 수가 없었다.

참다 참다 도저히 참을 수가 없어진 김백수 씨는 샌드위치를 하나 사 와서 먹으면서 연구를 하고 앉아 있었다.

"뿌웅……."

김백수 씨는 자기도 모르게 습관처럼 방구를 뀌었고, 냄새가 확 퍼지자 주위에 있던 사람들의 표정이 일그러져 가고 있었다.

설상가상으로 김백수 씨는 입에 물고 있던 샌드위치를 연구를 하고 있던 샘플에 흘리고 말았고, 상사는 도저히 참을 수가 없었다.

"김백수 씨, 해도 해도 너무하는구먼. 일 그따위로 하는 연구원은 필요 없으니 내일부턴 집에서 쉬도록 하세요."

"네? 잘못했습니다."

"잘못했다는 얘기 듣자고 그러는 거 아니니까 그냥 가세요."

하루 만에 회사에서 잘린 김백수 씨는 어깨가 축 처진 채 집으로 들어가야 했다.

"우리 아들 오늘 회사에서 어땠어?"

"엄마, 저기……나…… 내일부터 일 못 나갈 거 같아."

"뭐? 너 또 잘렸어?"

"그러니까, 누가 내 이름을 백수로 지으래? 엄마 아빠가 이름을 이렇게 지었으니까, 이 날 이때까지 백수로 사는 거라고."

하루 만에 잘린 김백수 씨는 자존심이 무척이나 상했고, 혼자서 연구를 하여 그 연구원들에게 복수를 하기로 마음먹었다. 그러던 어느 날 유명한 〈말해봐〉 과학 잡지에 화학 연구소의 어떤 학자가 금속 안에 있는 전자는 화합물 속 전자들보다 자유롭다고 주장한 기사가 실렸고, 김백수 씨 또한 이 기사를 보았다.

'엉터리야, 엉터리. 그래, 이번이 기회야. 너희 화학 연구소의 콧대를 꺾어 놓을 테니.'

그러고는 〈말해봐〉 과학 잡지에 이 기사에 대한 반론을 제기해, 화학 연구소의 연구원들과 기자들이 모두 모인 자리에서 반론을 펴게 되었다.

"전자는 모두 원자 주위를 빙글빙글 도는데 도대체 무슨 자유가 있단 말입니까? 그렇기 때문에 금속 안에 있는 전자는 화합물 속 전자들보다 자유롭다고 주장한 화학 연구소의 의견은 잘못된 것입니다."

"김백수…… 어디서 많이 들어 본 이름인데. 아…… 방구나 뽕뽕 뀌어 대던 김백수? 그래 어디서 많이 봤다 싶었다. 김백수 씨가 우리 화학 연구소에서 잘려서 안 좋은 감정을 가지고 있다는 건 알겠는데, 이런 식으로 나오면 곤란해."

"저 그렇게 쫀쫀한 놈 아닙니다. 저는 그냥 잘못된 주장에 반론을 제기했을 뿐입니다. 학자라면 당연한 임무 아닙니까?"

"학자? 홍, 백수 주제에 학자라고 깝죽대기는. 근데 우리는 김백수 씨의 의견에 동의할 수 없는데 어쩌지? 다른 사람들도 김백수 씨의 말 따위에는 신경도 안 쓸걸."

"뭐예요? 그렇게 나온다면 나도 방법이 있다고요."

"방법? 해볼 테면 해보라고."

"좋아요, 화학법정에 의뢰해서 내 말이 맞는다는 걸 증명해 보이고 말겠어요."

금속 원자의 가장 바깥쪽 전자껍질에는 한두 개의 전자들이 있는데,
이들 전자들은 원자핵에서 도망쳐 자유롭게 돌아다닙니다.
따라서 금속의 전자들이 화합물의 전자들보다
훨씬 자유롭다고 할 수 있습니다.

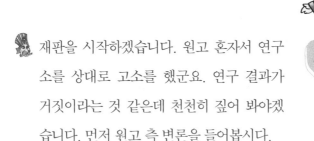

여기는 **화학법정**

화합물의 전자와 금속의 전자 중에서
누가 더 자유로울까요?
화학법정에서 알아봅시다.

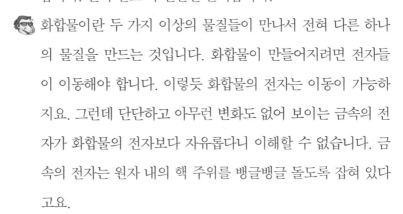

재판을 시작하겠습니다. 원고 혼자서 연구
소를 상대로 고소를 했군요. 연구 결과가
거짓이라는 것 같은데 천천히 짚어 봐야겠
습니다. 먼저 원고 측 변론을 들어봅시다.

화합물이란 두 가지 이상의 물질들이 만나서 전혀 다른 하나
의 물질을 만드는 것입니다. 화합물이 만들어지려면 전자들
이 이동해야 합니다. 이렇듯 화합물의 전자는 이동이 가능하
지요. 그런데 단단하고 아무런 변화도 없어 보이는 금속의 전
자가 화합물의 전자보다 자유롭다니 이해할 수 없습니다. 금
속의 전자는 원자 내의 핵 주위를 뱅글뱅글 돌도록 잡혀 있다
고요.

금속의 전자는 핵에 잡혀 있고 화합물의 전자는 다른 물질을
만들기 위해 이동을 할 수 있다는 말이군요. 원고 측 주장에
대해 피고 측 변론하십시오.

금속의 전자가 원자핵에 잡혀 있는 것은 맞습니다. 하지만 잡
혀 있는 전자 이외에 아주 자유롭게 이동할 수 있는 전자가 있
습니다. 이러한 전자를 원자핵에 전혀 구속받지 않고 자유롭

다고 해서 자유전자라고 하지요. 금속의 자유전자는 어떻게 구성되어 있고 그 역할이 무엇인지 알아보기 위해 원자연구소의 조아해 팀장을 증인으로 요청합니다.

 증인 요청을 받아들이겠습니다.

방글방글 웃으면서 법정에 들어선 40대 초반의 여성이 어깨를 들썩거리면서 트로트를 흥얼거리며 증인석에 앉았다.

기분 좋은 일이 있어 보이는군요.

누구나 갇혀 있지 않고 원하는 것을 할 수 있으면 행복한 삶 아닐까요?

그렇겠군요. 밝고 좋아 보여서 저도 참 좋습니다. 화합물의 전자와 금속의 전자 중 어느 전자가 증인처럼 더 자유로울까요?

그런 거라면 제가 증인석에 앉길 잘했군요. 당연히 금속의 전자가 더 자유롭습니다.

원고 측 주장에 따르면 화합물의 전자는 화합물을 만들 때 이동을 할 수 있다고 하는데요.

그것도 맞는 말입니다. 하지만 화합물의 전자가 이동하는 것은 단지 화합물을 만드는 과정에서 결합 구조를 조금 바꾸는 것입니다. 즉 원자나 분자가 다른 원자나 분자에 전자를 주거나 받아들이면서 새로운 형태로 바뀌게 되는 것이지요.

🎭 그럼 금속의 전자는 화합물의 전자보다 훨씬 자유롭다는 말씀이십니까?

🎭 그렇습니다. 금속 원자들은 일반적으로 전자를 내놓으려는 성질이 강합니다. 금속 원자에는 가장 바깥쪽 전자껍질에 하나 내지 두 개 정도의 전자들이 있습니다. 이들 전자는 외로운 전자들이죠. 그래서 원자핵이 잡아당기는 힘이 약합니다. 그래서 쉽게 원자핵에서 도망쳐 자유롭게 돌아다니는데 이런 전자들을 자유 전자라고 부릅니다. 금속이 전기가 잘 통하는 이유도 금속 안에 많은 자유 전자들이 자유롭게 돌아다니기 때문이지요.

🎭 원자핵이 잡아당기는 힘 때문에 원자핵에 단단하게 잡혀 있을 것 같았던 전자들이 자유로울 수 있어서 금속이 우리가 알고 있는 여러 특징들을 가진다고 하니 참 신기하군요. 이로써 화합물보다 금속의 전자가 훨씬 자유롭다는 것을 밝혔습니다. 원고는 자신의 잘못으로 나가게 된 회사에 앙심을 품고 복수심으로 고소를 한 것으로 보이는데 좋은 직장을 구하는 것이 급선무인 듯합니다.

🎩 멘델레예프가 예언한 원소

멘델레예프는 주기율표에서 당시까지 발견되지 않았지만 꼭 있어야 할 원소 세 개를 예언했는데 그 것은 각각 갈륨, 게르마늄, 스칸듐이었습니다. 멘델레예프의 예언대로 갈륨은 1874년 프랑스의 브와보드랑이, 게르마늄은 1885년 독일의 빙클러가, 스칸듐은 1879년 닐슨이 발견했습니다.

 그럼 판결을 내리겠습니다. 금속의 전자가 화합물의 전자보다 더 자유롭다고 판결합니다. 원고는 재판 결과를 인정하고 자신의 능력을 높이 인정해 주는 좋은 직장을 얼른 찾아서 하루 빨리 꿈을 펼치고 미래를 설계하는 것이 좋겠습니다. 이상으로 재판을 마치도록 하겠습니다.

끈적거리는 금속이 어디 있어!

손으로 만지면 녹아내리는 금속도 있을까요?

김에릭 씨는 삼류 대학 전자공학과를 우스운 성적
으로 졸업해서 직장을 구하고 있었다. 그렇지만 자
격증도 없고 졸업 성적도 좋지 않은 김에릭 씨를 받
아주는 회사가 없어 언제나 입사시험을 보러 가면 떨어지는 일이
다반사였다. 그러던 어느 날 김에릭 씨는 과학공화국에서 제일 잘
나간다는 싱싱 반도체 연구소에 입사 시험을 보러 갔다.

"이번에도 떨어질 게 분명하지만, 신이 날 도와줄지 모르니 도전
해 보는 거야!"

김에릭 씨는 S대학교를 수석으로 졸업한 사람, 외국에 유학을 다

녀온 사람들 사이에서 입사 시험을 보았다. 그렇지만 문제는 너무 어려웠고 결국 김에릭 씨는 한 문제도 제대로 쓰지 못하고 시험장을 나왔다.

"결국 이렇게 또 떨어지는구나……."

이렇게 생각하고 며칠 뒤 다른 일을 찾아보려던 김에릭 씨에게 뜻밖의 전화 한 통이 걸려 왔다.

"김에릭 씨 맞습니까?"

"네, 제가 김에릭인데요."

"네, 여기는 싱싱 반도체 연구소입니다. 네, 입사 시험을 훌륭한 성적으로 통과하셔서 내일부터 연구소로 나오시라고 말씀드리려 전화했습니다."

"네? 제가 시험을 통과했다고요? 내일부터 출근하라고요?"

"네! 내일 9시까지 꼭 와 주시기 바랍니다!"

김에릭 씨는 다시 물어보고 전화를 끊은 후에도 이게 꿈이 아닌가 싶어 다시 볼을 꼬집었다.

"아…… 아프네, 그럼 꿈이 아니라는 거잖아! 역시 하느님이 날 도우셨어!"

김에릭 씨는 엉망으로 써낸 답안지를 다시 생각하며 하느님이 도와주신 거라 생각했다. 하지만 정작 이런 대기업에 입사할 수 있었던 것은 오로지 전산 착오 때문이었다. 자동으로 입사 시험 문제지를 채점하는 과정에서 갑자기 정전 사고가 나면서 그의 0점 답안지가 졸지에 100점 답안지로 바뀌어 수석 입사라는 영광을 누리게 된 것이다. 첫 출근 날, 옛날부터 준비해 온 양복을 입고 김에릭 씨가 연구소에 들어서자 싱싱 반도체 연구소의 이대로 사장이 김에릭 씨를 반갑게 맞았다.

"반갑습니다. 김에릭 씨 맞죠? 김에릭 씨 같은 인재가 우리 반도체 연구소에 들어오다니 무척 기쁩니다."

"아닙니다. 여기 올 수 있어서 제가 더 기쁜데요."

"겸손하기까지 하시네요."

입사 시험 100점은 입사 시험을 시작한 이래로 처음이었기 때문에 회사 사람들은 에릭 씨를 대단하게 생각했다. 그래서 사장은 겸손한 김에릭 씨의 성품과 입사 시험 만점의 지식을 믿고 그를 신입 사원으로는 파격적인 자리인 싱싱 반도체 신제품 연구소의 실장에 임명했다. 신제품 연구소 실장은 매우 중요한 자리였기 때문에 보통 입사 10년이 되어도 앉기 힘든 자리였다. 하지만 김에릭 씨는 입사하자마자 그 영광을 누리게 된 것이다.

"이 자리가 아주 중요한 건 김에릭 씨도 알고 있겠지요? 우리 회사의 중심에서 잘 이끌어 주길 바랍니다."

"이렇게 모자란 저에게 이런 자리는 과분하지만, 열심히 해보겠습니다!"

"역시 김에릭 씨의 성품은……."

그래서 결국 김에릭 씨는 싱싱 반도체 신제품 연구소의 실장이 되었다. 최근 싱싱 반도체는 갈륨을 이용한 반도체를 개발하는 프로젝트를 비밀리에 진행하고 있었다. 그래서 졸지에 반도체의 '반'도 모르는 김에릭 씨가 갈륨 반도체 개발에 뛰어든 것이다. 김에릭 씨는 살짝 겁이 나기도 했지만 이제 와서 전산 오류라고 말하기에는 이 자리가 너무 아까웠다.

"그래! 뭐든 부딪쳐 보는 거야!"

김에릭은 막무가내로 계속 갈륨 반도체 프로젝트를 진행하기로 했다. 그런 그에게 처음으로 내려진 업무는 외국에서 수입한 갈륨을 검사하는 일이었다. 갈륨 보관 창고에 가는 것은 연구소의 실장 이상으로 제한되었기 때문에 김에릭 씨가 할 수밖에 없었다. 그는 보안이 철저한 갈륨 보관 창고에 들어갔다.

"이게 갈륨이라는 건가?"

사실 대학교에서 잠결에 얼핏 들어 보기만 했지 실제로 보기는 처음이었다. 그래서 김에릭 씨는 들어서자마자 처음 보는 금속을 신기한 듯 바라보았다. 호기심이 많은 김에릭 씨는 직접 갈륨을 만져 보고 싶었다.

"잘 있나 확인하려면 직접 눈으로 보고 손으로 만져 봐야지."

김에릭 씨는 보관 창고에 진열되어 있는 갈륨이라고 적힌 봉지를 뜯었다. 그리고 손을 봉지 속으로 집어넣었다. 금속이라 해서 차가운 철덩어리 같은 느낌을 예상한 김에릭 씨는 밀가루 반죽처럼 녹아 끈적끈적하게 손에 달라붙는 느낌에 놀라 얼른 손을 뺐다.

"이거 뭐야? 우리는 금속 갈륨을 주문했는데 누가 이런 끈적끈적한 물질을 가지고 온 거지?"

김에릭 씨는 하마터면 놓칠 뻔한 잘못을 자신이 발견했다고 생각하며 뿌듯해했다. 그리고 물건을 납품한 회사에서 금속 갈륨을 보내 주지 않았다며 납품 회사를 화학법정에 고소했다.

갈륨은 녹는점이 섭씨 30도 정도로 체온보다 낮아서
손으로 만지면 사람의 체온이 갈륨을 녹여 녹아내립니다.

여기는 **화학법정**

손으로 만지면 끈적거리는 금속도 있을까요?
화학법정에서 알아봅시다.

 먼저 원고 측 변론하세요.

 금속이라는 건 단단합니다. 그래서 우리는
금속으로 칼도 만들고 기계도 만들고 창틀
도 만들고 자동차도 만들잖아요? 그런데 주무르면 반죽처럼
끈적거리는 금속이 있다는 게 말이 됩니까? 업자가 잘못 보낸
것이 틀림없으므로 업자 측에서 금속 갈륨을 다시 보내 주어
야 한다는 것이 저의 주장입니다.

 피고 측 변론하세요.

 갈륨연구소 소장인 가류움 박사를 증인으로 요청합니다.

눈빛과 표정이 흐느적거리는 30대 중반의 연구원이 증인
석으로 들어왔다.

 증인이 하는 일이 뭐죠?

 금속 갈륨에 대한 모든 연구를 하고 있습니다.

 갈륨은 어떤 금속이죠?

 갈륨은 지각을 이루는 물질 중 0.0015퍼센트를 차지하는 아

주 희귀한 금속이지요. 표면은 은백색으로 빛나고 산화되면 푸른색을 띠지요.

그런데 정말 갈륨이 손으로 만지작거리면 반죽처럼 흐물흐물 해지나요?

그렇습니다.

그 이유는 뭐죠?

갈륨은 녹는점이 매우 낮은 금속입니다. 녹는점이 섭씨 30도 정도로 체온보다 낮지요. 그러므로 손으로 자꾸 주물럭거리면 사람의 체온이 갈륨을 녹여 액체 갈륨으로 만들기 때문에 반죽처럼 변하는 것이지요.

그렇다면 손으로 주물럭거린 사람이 잘못한 거군요.

그렇습니다. 갈륨은 취급할 때 아주 조심스럽게 다루어야 합니다.

알겠습니다. 아니 갈륨으로 반도체를 만들겠다는 연구소의 실장이 갈륨이 어떤 금속인지, 어떻게 다루어야 하는지 모른다는 게 말이 됩니까? 판사님, 이번 사건은 갈륨을 부주의하게 취급해 훼손한 김에릭 실장에게 전적인 책임이 있다고 생각합니다.

판결합니다. 우리 과학공화국은 다른 나라에 비해 반도체 강국으로 유명합니다. 그런데 이 나라의 최고의 반도체 연구소에서 이런 말도 안 되는 일이 벌어진다는 것은 우리 과학공

화국의 망신입니다. 그러므로 이번 사건에 대해 납품업체는 책임이 없으며 모든 책임은 김에릭 실장에게 있다고 판결합니다.

 반도체

'반'은 중간을 뜻합니다. 따라서 반도체는 도체와 부도체의 중간 정도의 성질을 가집니다. 반도체는 평소에는 부도체의 성질을 가지고 있지만 빛을 비추거나 열을 가하거나 특정 불순물을 넣으면 전기를 통하는 도체가 되는 성질이 있습니다.

금속의 녹

금속에 녹이 스는 것은 금속이 공기 중 산소와 화합하는 것으로 이렇게 산소와 화합하는 현상을 '산화'라고 부른다. 녹에는 붉은 녹, 푸른 녹, 검은 녹, 뽀얀 녹 등이 있고 같은 금속이라도 금속의 종류에 따라 녹스는 방식이 다르고 녹의 종류도 다르다. 녹이 슬면 그 물질의 성질이 달라지며 대체로 약해지는 성질이 있다.

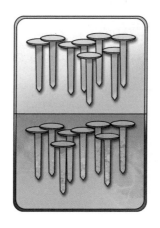

환원

구리의 산화물에서 어떤 방법으로든 산소를 빼앗으면 다시 본래의 구리로 되돌아간다. 이와 같이 산화와는 반대로 산화물에서 산소를 빼앗는 변화를 '환원' 이라고 한다. 산화물에서 산소를 빼앗는 방법에는 탄소를 이용하는 것이 있다. 탄소는 금속 산화물에서 산소를 빼앗아 자신은 산소와 결합하여 이산화탄소가 되고, 금속은 산화되기 전의 모습으로 돌아간다.

금속의 제련과 환원

광산에서 캐내는 광석은 대부분 산소를 포함하고 있는 산화물의 형태로 얻어지는데, 이들을 적당한 방법으로 환원시켜서 산소를 떼어 내면 순수한 금속을 얻을 수 있다. 이와 같은 방법을 '금속의 제련' 이라고 한다. 대부분의 철광석은 산화물인 적철광이나 자철광으로 존재하기 때문에 철광석에서 순수한 철을 뽑아 내기 위해서는 용광로를 사용해서 철을 환원시켜야 한다.

철의 산화

철이 공기 중에서 산소와 화합하여 녹이 생기는 것을 '철의 산화' 라고 한다. 철의 녹에는 붉은 녹과 검은 녹이 있는데, 보통 볼 수 있는 것은 붉은 녹이다. 철에 녹이 스는 까닭은 공기 중의 산소와 물 때문이다.

과학성적 끌어올리기

철을 보호하는 검은 녹

광택이 나게 잘 닦은 못을 공기 중에서 가열하면 못의 표면에 검은 녹이 생긴다. 못이 식은 다음 손이나 헝겊으로 검은 녹을 문지르면 쉽게 벗겨지지 않지만, 줄이나 사포로 문지르면 검은 녹이 벗겨져 못의 원래 표면이 보인다. 즉 못을 공기 중에서 가열하면 검은 녹이 못의 표면에 막처럼 생긴다. 붉은 녹은 금속의 표면을 약하게 하는 반면 검은 녹은 붉은 녹이 생기지 않도록 보호하는 역할을 하므로 금속의 표면에 일부러 검은 녹을 만들기도 한다.

철이 녹슬 때의 온도 변화

물질이 연소를 하면 탄소나 수소 또는 산소와 결합하여 열과 빛을 낸다. 철의 녹도 철이 공기 중 산소와 결합하여 생기는 것인데, 이때도 열과 빛이 날까? 철가루 100그램을 물에 적신 다음, 헝겊에 싸서 그 속에 온도계를 꽂아 놓고 관찰한다. 철가루가 녹슬고 난 뒤 온도계의 눈금을 보면 눈금이 올라간 것을 알 수 있다. 철이 공기 중에서 산화하면, 즉 녹이 슬면 열이 발생하기 때문이다.

구리의 산화

구리를 공기 중에 두면 산소와 화합하여 녹이 슨다. 구리의 녹에는 검은 녹, 붉은 녹, 푸른 녹이 있다. 구리로 만든 10원짜리 동전에 녹이 슬었을 때 사포로 문지르면 반짝반짝 빛이 나는 새 동전이 된다. 그러나 이것을 공기 중에 오랫동안 그대로 두면 다시 거무스름해진다. 이것이 구리의 검은 녹이다. 구리의 검은 녹은 철의 녹과 마찬가지로 구리의 표면을 덮어 공기가 구리에 닿지 않게 하여 구리의 속까지 녹스는 것을 막는다. 구리를 습기가 많은 곳에 오랫동안 놓아두면 푸른색이나 녹색의 녹이 생긴다. 이것을 '녹청'이라고 하는데, 녹청은 구리가 물과 이산화탄소와 반응하여 생기는 것으로 사람의 몸에 해로운 독성이 있다. 녹청은 물에는 녹지 않지만 산에는 녹는 성질이 있다.

알루미늄의 산화

알루미늄도 산소와 만나면 녹이 스는데, 철이나 구리와 같이 색깔이 변하지는 않는다. 알루미늄이 녹슬면 색깔은 거의 변하지 않고 단지 표면이 흐려지고 광택이 없어지는데 알루미늄의 속까지 녹슬지는 않는다. 알루미늄을 알코올램프로 가열하면 알루미늄의 녹을 만들 수 있다. 알루미늄의 녹은 알루미늄이 산화하여 생긴 산화알루미늄이라는 산화물인데, 이것은 알루미늄이 더 이상 산화하지 않도록 보호해 준다. 이러한 성질을 이용하여 알루미늄에 산화알루미늄의 얇은 막을 입혀서 녹이나 약품 등에 해를 입지 않도록 만든 것을 '알루마이트' 라고 한다. 알루마이트는 주전자, 냄비 등의 재료로 쓰인다.

위험한 금속에 관한 사건

우라늄이라고 다 같은 건 아니잖아요?

우라늄이라고 모두 방사능을 방출할까요?

"이번에 우라늄 238의 창고를 지을 곳을 의논하기
위해 이렇게 모였습니다."

과학공화국 정부는 현재 우라늄 창고를 짓는 데 모
든 관심을 집중하고 있다. 창고 하나 짓는 것이 그렇게 대단한 일인
가 싶겠지만 요즘 님비 현상을 생각하면 우라늄 창고를 짓는다는
게 그렇게 간단한 일은 아닌 게 확실하다. 그래서 큰 회의를 열어
어느 곳에 우라늄 238 창고를 지을 것인지 의논하기로 했다.

"이렇게 정한다고 해도 또 시민들이 저항할 것 같은데요."

"아유…… 계속 그렇게 저항하면 우라늄 창고를 설치할 곳이 아예 없겠는데요."

　최근 과학공화국에서도 님비 현상이 유행처럼 번지고 있었다. 그 래서 우라늄 창고를 유치할 곳을 정한다고 해도 시민들이 시위를 할 것이 뻔했다. 님비 현상이란 자신의 마을에 쓰레기 처리장, 핵폐 기물 처리장과 같은 시설이 들어오는 것을 주민들이 반대하는 것을 말한다.

　"요즘 웰빙이 유행이라 이 마을 저 마을마다 그런 시설이 들어서 는 걸 반대하는데, 이럴수록 우리가 신중하게 정해야 합니다."

　"그렇지요, 그럼 후보 지역을 정해 봅시다."

　정부에서는 여러 전문가와 시장들을 불러 모아 의논을 했는데, 의논 결과 과학공화국 가장 남쪽에 있는 스몰라시티가 가장 유력한 후보지로 떠올랐다. 얼마 전에 큰 백화점도 생겼고 공원도 많기 때 문에 주민들의 불만이 적을 것 같아서였다. 하지만 그것은 생각뿐 이었다. 정부에서 확정을 하기도 전에 이 소식은 스몰라시티에 퍼 졌고, 역시나 주민들은 우라늄 238 창고 설치를 고운 시선으로 보 지 않았다.

　"여기 스몰라시티에 우라늄 창고가 들어선다는 말 들었어요?"

　"어머나, 그게 사실이야? 우라늄이라고 하면 방사능 나오는 거 아니에요?"

　"그렇지, 잘못해서 방사능이라도 나오면 우린 큰일 나는 거지."

　"그럼 이렇게 있으면 안 되죠! 우리, 우리 힘으로 막아 봅시다!"

정부가 스몰라시티에 우라늄 238 창고를 만들려고 한다는 소식이 들려오자마자 스몰라시티의 시민들은 힘을 모아 매일같이 시위를 하기 시작했다.

"스몰라시티에 우라늄이 웬 말이냐!"

"방사능을 스몰라시티에서 추방하자!"

백화점은 백화점이고 우라늄 창고는 우라늄 창고라는 생각에 스몰라시티에 우라늄 창고를 만들지 말라는 의견이었다. 이 시위는 전 세계 텔레비전에 방송되었고, 정부에서는 이 문제를 빨리 해결해야만 했다.

"정부 시설 유치 관리장님, 뉴스 보셨습니까?"

"시민들의 반응이 덜할 줄 알았는데 역시 여기도 대단하군."

"이를 어쩌면 좋죠?"

"어쩔 수 없지. 설득하고 타협하는 수밖에."

결국 거듭되는 시위에 정부에서는 방사능 전문가인 쏘아대 박사를 중재위원장으로 하여 스몰라시티 우라늄 창고 반대위원장인 마가라 씨와 중재를 벌이기로 했다. 합의점을 찾아 얼른 우라늄 238 창고 유치 문제를 해결해야만 했기 때문이다. 이 소문이 언론에 퍼지자 많은 신문사와 방송사 기자들이 상황을 보기 위해 몰려왔다. 그래서 결국 두 대표는 스몰라시티 언론의 지대한 관심 속에 대화를 시작했다. 먼저 대화를 시작한 것은 쏘아대 박사였다.

"스몰라시티에는 좋은 시설이 다른 도시에 비해서 많다고 생각하는데요."

"백화점이나 공원이 있다고 해서 그렇게 해로운 우라늄 창고를 지어도 된다는 말씀이신가요?"

"이번에 설치하려는 창고는 안전한 우라늄을 저장하는 곳이기 때문에 전혀 해롭지 않습니다."

"그게 말이 됩니까? 안전한 우라늄이 어디 있어요?"

시민 대표 마가라 씨가 기가 찬다는 표정으로 쏘아대 박사를 쳐다보며 말했다. 하지만 쏘아대 박사는 믿어 달라는 눈빛으로 안전하다는 말만 했다.

"정말 안전하다니까요?"

"저희를 바보로 아시는 겁니까? 우라늄이 방사능 물질이라는 것은 어린아이들도 알고 있는 사실이에요. 우리 마을을 뭐로 보고 그런 물질을 저장하는 창고를 짓겠다는 거예요?"

"정말 방사능이 나오지 않는 우라늄도 있다니까요?"

"그 말 못 믿어요. 그리고 우린 죽어도 동의 못해요!"

이렇게 두 대표는 타협점을 찾지 못했고 결국 협상은 실패로 돌아갔다. 그러자 정부에서는 자신들이 저장하려는 우라늄 238이 방사능을 내지 않는 안전한 물질임을 주장하며 화학법정에서 이 문제를 조속히 결정해 주기를 희망했다. 그래서 이 문제는 화학법정에서 다루어지게 되었다.

우라늄도 방사능을 내는 우라늄과 내지 않는 우라늄이 있습니다.
중성자가 더 많은 우라늄 238은 우라늄 235와는 달리
안정된 원소로 방사능을 내지 않습니다.

방사능이 없는 우라늄도 있을까요?
화학법정에서 알아봅시다.

🗽 재판을 시작합니다. 먼저 화치 변호사 의견
말해 주세요.

🧑 우라늄은 핵분열을 일으키면서 무시무시한
방사능을 내는 방사능 물질입니다. 그런 무시무시한 물질을
저장하는 창고가 들어오는 것을 좋다고 할 마을이 어디 있겠
습니까? 그러므로 스몰라시티에서 창고 설치에 반대하는 것
은 일리가 있다고 여겨집니다. 그리고 정부는 왜 거짓말을 하
면서까지 그 도시에 창고를 지으려고 하는 겁니까? 스몰라시
티가 봉입니까?

🗽 흥분 그만 하세요, 화치 변호사. 그럼 케미 변호사 의견 있습
니까?

🧑 사람도 흥분을 잘 하는 사람과 저처럼 온순한 사람이 있듯이
우라늄도 방사능을 내는 우라늄과 내지 않는 우라늄이 있습
니다.

🗽 그게 무슨 말이죠? 좀 더 알기 쉽게 말해 주세요.

🧑 흔히 원자 폭탄을 만드는 우라늄은 우라늄 235라는 물질이고
이번에 정부가 저장하려는 것은 우라늄 238입니다.

숫자는 뭘 의미하는 거죠?

 원자량입니다. 원자량은 수소의 무게를 1이라고 할 때 원자의 무게를 나타내는 양입니다. 즉 원자량이 16인 산소는 수소보다 16배 무거운 원소이지요.

 같은 우라늄인데 왜 원자량이 다르죠?

 이런 두 원소를 동위 원소라고 합니다. 원자의 무게는 거의 원자핵의 무게라고 볼 수 있습니다. 원자핵은 양성자와 중성자로 이루어져 있는데 양성자의 수는 원소마다 다르지 않습니다. 양성자의 수는 원자 번호와 같아 우라늄의 경우 92개입니다. 양성자와 중성자는 거의 무게가 같아서 원자량에서 양성자의 개수를 빼면 중성자의 개수가 나오는데, 이렇게 양성자의 개수는 같고 중성자의 개수가 다른 두 원소를 동위 원소라고 하지요.

 그럼 우라늄 238이 중성자가 더 많군요.

 그렇습니다. 하지만 우라늄 238은 우라늄 235와는 달리 안정된 원소로 방사능을 내지 않습니다. 그러므로 스몰라시티가 반대할 이유가 없다는 것이 저의 주장입니다.

 방사능

방사능은 불안정한 원소에서 나오는 투과력이 강한 빔을 말합니다. 방사선은 크게 알파 방사선, 베타 방사선, 감마 방사선으로 나뉘는데 이 순서로 투과력이 강합니다. 알파 방사선은 헬륨 이온의 흐름이고 베타 방사선은 전자의 흐름, 감마 방사선은 에너지가 강한 빛입니다.

 그렇군요. 스몰라시티가 지레 겁을 먹었군요. 자라 보고 놀란 가슴 솥뚜껑 보고 놀란다더니. 아무튼 우라늄 238은 방사능 물질이 아니므로 스몰라시티는 당장 반대 시위를 중지하고 적당한 창고 부지를 국가에 헌납해야 할 것입니다.

육가 크롬의 공포

천연가스 공장에서는 어떤 오염 물질이 나올까요?

루랄 마을은 산과 개울이 잘 어우러지는 아름다운 자연경관으로 유명한 곳이었다. 마을 앞 개울가에는 들꽃들이 있고 또 속이 다 들여다보이는 깨끗한 개울에서는 물고기들이 저마다 특유의 빛깔을 뿜내며 헤엄쳐 다녔다. 그리고 뒤에 있는 산으로 가면 푸르고 신선한 나무와 풀들이 신선한 공기를 내뿜어 언제나 루랄 마을의 공기를 깨끗하게 했다. 그래서 깨끗한 공기 덕분인지 아름다운 경관 때문인지 이 마을은 오랫동안 장수 마을로 유명했다. 그렇게 조용하던 루랄 마을에 변화가 생겼다.

"네, 저희는 NG라는 이름의 천연가스 공장을 설립하고 싶어서 왔습니다."

공장을 설립하겠다며 사람들이 찾아온 것이다.

"NG 천연가스 공장이오? 저희는 처음 듣는데요."

루랄 마을의 이장인 다맡겨 씨가 마을 주민들을 대표해서 그 사람들과 얘기했다.

"네, 일단 모든 준비는 완료된 상태입니다. 주민들의 동의만 있으면 바로 내일부터라도 공장을 세울 수 있습니다."

"아직 저희 마을에는 공장이 들어온 적이 없는 터라…… 일단 제가 주민들과 얘기해 보겠습니다."

다맡겨 씨는 일단 주민들의 의견을 먼저 들어 보는 것이 좋겠다고 생각했다. 그래서 그날 저녁 주민들과 이 일을 의논하기 위해 모이기로 했다.

"이 마을에 NG 천연가스 공장이 들어온다고 합니다. 어떻게 생각하십니까?"

옹기종기 모여 앉은 주민들 앞에서 다맡겨 씨가 먼저 물었다. 주민들이 대부분 찬성을 하면 공장 설립을 허락할 생각이었다.

"공장이라고 하면 무조건 안 좋은 거 아니에요?"

"그래도 천연가스면 상관없지 않을까요?"

"그래, 천연가스면 공장이 있으나마나 아니겠어요?"

주민들은 대부분 천연가스 공장이면 괜찮다고 생각했다. 천연가스라 자연을 훼손할 일이 없을 거라고 생각했기 때문이다. 이 의견을 반영하여 다맡겨 씨는 주민들을 대표해 공장 설립에 동의했고 얼마 후 NG 천연가스 공장이 들어섰다. 그리고 공장에 냉동탑까지 만들어 공장의 모습을 갖추었다. 하지만 몇 달이 지나자 다시 마을은 시끄러워졌다.

"개울에 오늘도 죽은 고기가 떠다니는 거 봤어?"

"당연하지. 그 힘차게 헤엄치던 고기가 그리 몇 달 만에 배를 내놓고 죽어 버렸으니."

"이거 갑자기 왜 이러나 모르겠어."

"그러게 말이야. 슬슬 공기도 탁해지는 것 같고 말이야."

조용하던 마을에 많은 변화가 생긴 것이다. 마을을 뽐내 주던 아름다운 개울에 이제 물고기라고는 죽은 물고기가 떠다닐 뿐이고, 공기도 갑자기 탁해져 감기 한 번 걸리지 않던 주민들의 기침 소리로 마을이 시끄러울 정도였다.

"갑자기 아픈 사람도 생기고, 이거 분명 어딘가에 원인이 있는 거야."

마을을 둘러보던 다맡겨 씨는 예전 같지 않은 마을 모습에 불안해하며 원인을 알아내기 위해 마을 회의를 열기로 했다.

"마을 주민 여러분, 요즘 우리 루랄 마을에 변화가 생긴 것 같아서 이렇게 모이라고 했습니다."

"네, 맞아요. 도대체 우리 마을이 왜 이렇게 된 거죠? 갑자기 감기에 걸리지 않나, 곡식들이 죽어 가질 않나."

다맡겨 씨 말고도 마을의 변화를 느낀 사람은 많았다. 그래서 너나 할 것 없이 서로의 의견을 내놓았다. 그리고 그 원인이 NG 천연가스 공장에 있다고 생각한 사람이 대부분이었다.

"우리 남편 감기가 든 것도 모두 천연가스 공장이 들어온 후부터예요."

"하지만 천연가스는 유독한 물질이 없는 가스잖아요."

처음 천연가스 공장의 설립에 대해서 논의할 때 이미 천연가스는 안전하다고 생각했기 때문에 무작정 NG 천연가스 공장 때문이라고 말할 수는 없었다. 하지만 이때 누군가 새로운 가능성을 제기했다.

"냉동탑이 천연가스를 압축하는 장치라는데, 혹시 가스가 압축되면 나쁜 물질들이 나오는 게 아닐까요?"

"그럴 수도 있겠네."

대부분 주민들이 그 의견에 동의했고, 이렇게 마을이 변한 것이 공장 때문이라고 확신하였다.

"따질 거 없어요. 저기 저 NG 천연가스 공장이 범인일 거예요!"

"그래요, 시기적으로 보아도 천연가스 공장이 지어진 후 이런 사건들이 벌어진 게 맞아요!"

결국 마을 사람들은 정부에 천연가스 공장에 대한 환경 영향 평가를 해 줄 것을 건의했다. 아무리 공장이 마을을 오염시킨 유력한

용의자라고는 하지만 주민들의 추측만으로 공장을 몰아낼 수는 없었기 때문에 정확한 검사가 필요하다고 생각한 것이다. 하지만 천연가스 공장 대표는 자신들이 그런 평가를 받을 이유가 없다며 마을 사람들의 주장을 일축했다.

"저희는 천연가스를 다루기 때문에 오염물질이 나올 리가 없습니다! 저희는 오염 물질이 나올 것이라는 가능성을 둔 그런 평가조차 받지 않겠습니다!"

그래서 결국 이 사건은 화학법정에서 다루게 되었다.

천연가스 공장에서 산화 방지제로 사용하는 육가 크롬은
간과 심장 그리고 생식기에도 안 좋고 몸에 많이 흡수되면
뼈나 조직이 약해지고 암을 유발합니다.

여기는 **화학법정**

루랄 마을이 오염된 것이 천연가스 공장 때문일까요?
화학법정에서 알아봅시다.

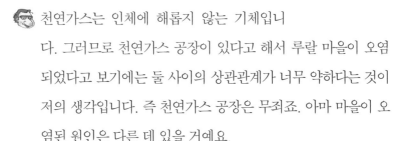

 재판을 시작합니다. 먼저 피고 측 변론하세요.

천연가스는 인체에 해롭지 않는 기체입니다. 그러므로 천연가스 공장이 있다고 해서 루랄 마을이 오염되었다고 보기에는 둘 사이의 상관관계가 너무 약하다는 것이 저의 생각입니다. 즉 천연가스 공장은 무죄죠. 아마 마을이 오염된 원인은 다른 데 있을 거예요.

원고 측 변론하세요.

중금속 연구소의 무건돌 박사를 증인으로 요청합니다.

　머리가 다른 사람보다 유난히 커서 걸어 다니는 데 지장이 있어 보이는 30대 남자가 증인석으로 비틀거리며 걸어 들어 왔다.

증인이 하는 일은 뭐죠?

인체에 해로운 중금속을 조사하는 일입니다.

그럼 본론으로 들어가 루랄 마을을 오염시킨 것은 뭐죠?

크롬입니다.

크롬이 위험한 금속인가요?

크롬에는 몸에 해롭지 않은 안정된 삼가 크롬이 있는가 하면 몸에 치명적인 피해를 주는 육가 크롬이 있습니다. 육가 크롬 때문에 마을 사람들의 기침이 심해지고 두통이 심해진 거죠. 육가 크롬은 간과 심장 그리고 생식기에도 안 좋고 몸에 많이 흡수되면 뼈나 조직이 약해지고 암을 유발합니다.

왜 마을 사람들이 크롬에 중독된 거죠?

육가 크롬이 녹아 있는 물을 마셨기 때문이지요. 저희 조사로는 이미 루랄 마을의 개천은 육가 크롬으로 오염되어 있어 물고기들이 떼죽음을 했고 이 물을 식수로 사용하는 마을 사람들이 크롬 중독에 걸린 것입니다.

누가 육가 크롬을 물에 버린 거죠?

천연가스 공장입니다.

천연가스 공장이 왜 크롬을 쓰죠?

육가 크롬은 산화 방지제로 쓰입니다. 금속이 녹스는 게 산화 현상이죠. 금속이 산화되면 약해져서 못 쓰게 되니까 그걸 방지하기 위해 육가 크롬을 사용하지요. 천연가스를 압축하려면 거대한 피스톤이 필요합니다. 그런데 피스톤이 벽을 타고 오르락내리락하다 보면 금방 뜨거워져서 피스톤을 물로 식혀야 합니다. 피스톤을 식힐 때 물속에 육가 크롬을 함께 넣어 피스톤이 녹이 스는 것을 막지요. 공장에서는 이렇게 하여 육가 크롬이 섞인 물을 개천에 흘려보낸 것입니다.

 정말 나쁜 사람들이군요. 판사님, 판결해 주세요.

 돈을 벌기 위해서 다른 사람들의 건강을 해칠 권리는 누구에게도 없습니다. 이번 루랄 마을은 이제 장수 마을에서 오염과 기침의 마을로 변했습니다. 이 모든 책임은 육가 크롬을 함부로 강물에 버린 공장에 있으므로 루랄 마을 사람들의 모든 이주비용을 공장에서 책임을 지고 공장은 앞으로 육가 크롬을 걸러 내는 장치를 설치할 것을 판결합니다.

🎓 천연가스

천연적으로 지하에서 발생하는 가스로 탄화수소가 주성분입니다. 천연가스는 불이 잘 붙는 기체로 메탄이 주성분이고 프로판가스와 부탄가스도 포함하고 있습니다. 자연에서 배출되는 이산화탄소나 화산에서 뿜어 나오는 아황산가스 등은 천연가스로 불리지 않습니다.

지구를 지켜라! 코발트탄의 위력

코발트탄은 왜 위험한 걸까요?

사건속으로

"네, 우선 세계 무기 학회 세미나에 참석해 주신 여러분들께 감사의 말씀을 드립니다."

사회자가 말을 꺼내자 앉아 있던 회원들은 모두들 박수를 쳤다.

"그건 그렇고 오늘 학회 회장님께서 안 보이시는데, 혹시 무슨 일이라도?"

"학회장님은 오늘 참석하지 못하십니다."

"아니, 왜요? 어디 편찮으시기라도 합니까?"

"이유는 묻지 마세요."

"아니, 학회장님이 못 오신다는데 이유를 묻지 말라니? 그게 말이 됩니까?"

"글쎄, 이유를 묻지 마세요."

"이유를 묻지 말라니. 도대체 왜 그러시오. 사회자 양반."

"학회장님의 방침이십니다."

그 순간 모두들 조용해졌고, 다음 사항으로 넘어갔다.

"학회장님이 안 계신 관계로 제가 진행을 하겠습니다."

"아니, 아무리 학회장님이 안 계셔도 그렇지. 사회자가 모든 걸 진행한다니요?"

"그러게 말입니다. 이건 말도 안 돼요."

"흠…… 학회장님의 방침입니다."

학회장님의 방침이라는 사회자의 말에 시끄럽던 객석은 또다시 조용해졌고, 세미나가 다시 진행되었다.

"우라늄 탄두의 위험성은 모두들 알고 계실 겁니다. 우라늄 탄두는 방사능 때문에 그 위험성이 어마어마하다는 사실 또한 모두들 잘 알고 계실 겁니다. 따라서 저희 무기 학회에서는 우라늄 탄두 무기를 금지하도록 하는 서명을 발표하려고 합니다."

"우라늄 탄두의 위험성에 대해서는 말 안 해도 잘 알고 있지만, 학회장님도 안 계신데 우리끼리 서명을 발표하는 건 좀 그렇지 않소?"

"그건 그래요. 학회장님도 없는데 우리끼리 어떻게 서명을 발표해요?"

"어험…… 이것 또한 학회장님의 방침이십니다."

또다시 학회장님의 방침이라는 말에 시끄럽던 사람들은 조용해졌고, 사회자의 말대로 기자 회견을 통해 전 세계적으로 우라늄 탄두 무기를 금지한다는 발표를 했다.

다음 날 전 세계 신문 1면에 세계 무기 학회에서 우라늄 탄두 무기를 금지한다는 기사가 실렸고, 무기를 만들고 있던 각 나라들은 우라늄 탄두를 폐기하기 위한 계획을 짜내느라 골머리를 앓았다.

그런데 그 다음 날 세계에서 악의 축으로 불리고 있는 다죽을래 테러국에서 코발트 탄두를 입힌 무기를 개발했다는 방송을 했다.

"드디어 다죽을래 테러국이 환장을 했나 봐."

"그러게 말이야. 안 그래도 우라늄 탄두 무기 금지다 뭐다 해가지고 지금 있는 무기도 폐기하는 실정인데. 무기를 만들었다고?"

"이것들이 진짜 전쟁 일으키려고 그러는 거 아니야?"

"무섭게 왜 그런 말을 하고 그래?"

"생각해 봐, 전쟁 일어나면 공격 대상 일호가 우리 과학공화국이잖아. 윽…… 난 몰라. 결혼도 못해 보고 이렇게 죽는 거야?"

다죽을래 테러국에서 코발트 탄두를 입힌 무기를 개발했다는 방송이 나간 후, 다죽을래 테러국과 적대 관계에 있는 과학공화국에는 비상이 걸렸다.

"다죽을래 공화국 이 자식들…… 이번에는 또 무슨 속셈으로 그러는 걸까요?"

"낸들 압니까? 빌려 댄의 시꺼먼 속내를…… 이번에도 순순히 접을 거 같진 않은데."

"다죽을래 공화국의 식량 상황이 좋지 않아서 많은 사람들이 굶어 죽고 있다고 합니다. 이번에도 무기를 빌미로 식량을 얻어 내려는 속셈인 거 같은데요?"

"지 배는 불러서 터질 것 같더니, 국민들은 굶어 죽어? 안 되겠어요. 당장 다죽을래 공화국에 회담을 하자고 연락하세요."

그렇게 과학공화국과 다죽을래 테러국의 대표는 만나게 되었고 회담이 이루어졌다.

"그동안 잘 지내셨소? 못 본 사이에 배가 더 부풀어 오른 거 같구려."

"하하, 과학공화국 대표야말로 주름이 더 는 거 같은데. 고생이 많으신가 보죠."

"피부 관리한다고 한 건데, 왜 이렇지? 으흠…… 어쨌든 그게 중요한 게 아니고, 지금 다죽을래 테러국에서 만들고 있는 코발트 탄두가 얼마나 위험한 건지 말 안 해도 잘 알고 있겠죠?"

"글쎄요? 이때까지 만든 무기에 비하면 아무것도 아닌데, 도대체 왜들 이렇게 호들갑들을 떠는지 참."

"위험하지 않다니요? 안 그래도 세계 무기 학회에서 우라늄 탄두 무기를 금지하는 바람에 다른 나라에선 있는 무기도 폐기하는 마당인데. 이러면 다죽을래 테러국의 이미지만 더 악화시킬 뿐이오."

"악화요? 하하. 우리 다죽을래 테러국이 더 악화될 이미지라도 있었던가요? 이미 바닥을 달리고 있으니, 마음대로 하라 그러쇼."

"무기를 폐기한다면 원하는 걸 들어줄 수도 있소. 단도직입적으로 묻겠소. 원하는 게 뭐요?"

"원하는 거? 꼬냑 50병, 원숭이 골, 낙타 혹 등등? 이렇게 갑자기 물어보면 어떡해? 생각할 시간을 줘야지."

평소에 사치를 즐기는 빌려 댄은 사치품들을 요구했고, 이를 들은 과학공화국 대표는 기가 막힌 채 돌아갈 수밖에 없었다.

이런 뻔뻔스런 다죽을래 테러국의 태도를 지켜보고 있던 세계 평화협회에서는 도저히 참을 수가 없었고 직접 다죽을래 테러국의 대표를 만나겠다고 나섰다.

"우린 세계평화협회에서 나왔소."

"그런데?"

"지금 만들고 있는 무기가 얼마나 위험한 건지 알고나 계시오?"

"참, 너희들이 뭘 몰라서 그러는데 지금 만들고 있는 무기는 별로 위험한 게 아니래도."

"위험하지 않다니? 코발트탄에서 방사능이 나오면 얼마나 끔찍한 결과를 초래하는지 몰라서 그래요?"

"글쎄, 우리가 만드는 건 별로 위험하지 않으니까 걱정하지 말고 너나 잘해. 어쨌든 너네 나라는 안 치면 되잖아? 그럼 됐지? 디엔드?"

"그럼 그러지 말고 코발트탄이 방사능을 내는지 안 내는지, 얼마나 위험한지 화학법정에 한번 의뢰해 보도록 합시다."

코발트는 핵융합을 하면서 화학 반응에 의해 강한 방사능을 띤 물질로
바뀌기 때문에, 코발트탄이 터지면 폭발력도 굉장히 클뿐더러
무시무시한 방사선이 나옵니다. 코발트탄에서 나온 방사능은
100년 동안 계속 방출되기 때문에 어떤 생명체도 살아갈 수 없습니다.

코발트탄은 왜 위험할까요?
화학법정에서 알아봅시다.

재판을 시작하겠습니다. 폭탄 제작에 관한 사건이 들어왔군요. 인류를 재앙으로 몰고 갈 수 있는 폭탄이 제작된다는데 굉장히 심각한 사건이군요. 어서 변론을 시작합시다. 피고 측 변론하십시오.

여러분들이 잘못 알고 계시는데 피고 측에서 개발한 코발트 탄두는 그렇게 위험한 무기가 아닙니다. 단지 다죽을래 테러국의 국력이 약하여 다른 나라들로부터 스스로를 보호하기 위한 목적으로 개발한 것입니다. 저희는 별로 위험하지 않다고 보지만 여러분들이 그렇게 걱정이 되시면 코발트탄을 없애는 것을 고려는 해 보지요. 코발트탄 개발을 그만두는 조건으로 좋은 것이라도 줍니까? 하하하.

다죽을래 테러국의 속내가 보이는군요. 이번에도 분명히 요구하는 것을 얻기 위해서 무기를 개발한 것 같은데…… 마음대로 단정할 수 없으니…… 코발트탄의 위험성이 피고 측에서 말한 것보다 훨씬 크면 다죽을래 테러국에서는 아무런 조건 없이 코발트 탄두 개발을 중지해야 할 것입니다. 그럼 계속해

서 원고 측의 변론을 들어 보겠습니다.

원고 측에서는 코발트탄이 어떻게 만들어진 무기이며 얼마나 위험한지 자세히 조사했습니다. 방사능연구소의 강파워 연구소장님을 증인으로 모셨으면 합니다.

증인 요청을 받아들이겠습니다. 증인은 앞으로 나오십시오.

50대 초반으로 보이는 남성이 눈만 보이는 모자를 둘러쓰고 나왔는데 우주복과 비슷하게 생긴 옷이었다.

증인께서 입고 나오신 옷이 방사능으로부터 보호하는 옷인가 봅니다.

맞습니다. 이 옷이 없으면 방사능에 노출될 때 생명에 치명적인 영향을 줄 수 있습니다.

방사능이 굉장히 위험한 물질이군요. 이번 사건은 코발트탄에 대한 설명을 해 주시면 되는데 왜 방사능복을 입고 나오셨나요?

물론 코발트탄에 대해 설명을 드리러 나왔습니다. 코발트탄은 다른 폭탄들과 비교할 수 없을 만큼 훨씬 위험하지요. 코발트탄이 터지면 위력도 굉장히 크지만 무시무시한 방사선이 나오기 때문입니다.

방사선도 나온다고요? 그렇다면 코발트탄은 어떻게 만들어지고 얼마나 위험한 물질입니까?

코발트탄의 폭발력은 수소 폭탄과 비슷합니다. 코발트탄의 에너지는 핵융합에 의해 생깁니다.

핵융합이 뭐죠?

아주 높은 온도에서 핵이 달라붙어 더 무거운 핵을 만드는 것을 말하는데 이 과정에서 큰 에너지가 발생하지요.

그런데 왜 방사선이 나오는 거죠?

코발트가 핵융합을 하면서 화학 반응에 의해 강한 방사능을 띤 물질로 바뀌기 때문입니다.

폭발력뿐 아니라 방사능으로 인한 피해가 엄청나겠군요.

그렇습니다. 코발트탄에서 나온 방사능은 100년 동안 계속 방출되기 때문에 어떤 생명체도 살아갈 수 없습니다. 코발트탄 10발 정도면 전 인류를 멸종시킬 수 있을 것으로 짐작되나 실제로는 현재까지 제작되지 않은 것으로 알려져 있습니다.

인류의 생명을 한순간에 사라지게 할 만큼의 위력을 가진 코발트탄이 위험하지 않다고 말하는 다죽을래 테러국은 무슨 의도로 전혀 사실과 다른 말을 하는지 모르겠군요. 정말 인류를 없애 버릴 작정이십니까? 코발트탄의 제작을 당장 중지하도록 해야 합니다.

원고 측 변호사의 말에 전적으로 동감하는 바입니다. 피고 측은 코발트탄 제작을 당장 그만두십시오. 위험한 방사능 폭탄

을 만들고 그 일을 빌미로 협박하여 다른 나라와 거래를 하지 않고도 얼마든지 안정적으로 살 수 있다면 원자 폭탄을 만들지 않았으리라 짐작됩니다. 다죽을래 테러국이 스스로 자립하여 주위 나라들과 더불어 살아갈 능력을 갖출 수 있도록 기술과 자원을 지원해 줄 나라를 모집하여 테러국을 지원하는 방안을 계획하십시오. 앞으로는 어느 나라가 우위에 서느냐를 두고 경쟁하기보다 전 세계가 더불어 살아가는 것이 더 올바른 생각임을 알아야 할 것입니다. 이상으로 재판을 마치겠습니다.

 수소 폭탄

수소 폭탄은 수소의 핵이 높은 온도에서 달라붙어 헬륨의 핵이 되는 핵융합에서 나오는 에너지를 이용한 폭탄입니다. 이런 핵융합이 일어나려면 약 만 도 정도의 온도가 필요한데, 이 온도는 수소 폭탄의 점화 장치인 원자 폭탄으로 만듭니다.

끈끈이 때문에 강아지가 죽었어요

파리 끈끈이는 사람에게도 해로울까요?

담의 끝이 안 보일 정도로 으리으리한 집 대문 앞, 가난해 씨는 꽃 한 송이를 들고 도도해 양이 나오기만을 기다리고 있다.

'이 꽃을 보면 아무리 도도한 도도해 양도 웃으며 기뻐하겠지?'

이런 생각으로 흐뭇한 미소를 짓고 있을 무렵 도도해 양이 문을 열고 나왔다.

"도도해…… 내 마음이야. 받아 줘"

"꽃 꼬라지 하고는. 꽃 한 송이에 내가 바보처럼 좋아할 줄 알았어? 꽃을 주려면 백 송이는 넘게 사와야지, 저리 치워!!"

도도해 양은 가난해 씨가 준 꽃을 그대로 바닥에 던져 버리고는 차에 탔다.

"김 기사…… 운전해 어서……."

"네 아가씨, 어디로 모실까요?"

"학교로, 우리 몽몽이 놀라니까 최대한 조심해서 운전해 주도록."

"네 알겠습니다."

도도해 양이 탄 차가 쌩 가 버리자 혼자 남은 가난해 씨는 자신의 가난을 원망하며 버스 정류장을 향해 걸었다.

가난해는 키도 크고 얼굴도 잘생겨서 여자들에게 인기가 많은 편이었지만, 가난한 집안 형편 때문에 늘 쪼들린 생활을 해야 했다.

가난해 씨가 도도해 양을 만난 건 1년 전 미팅에서다.

"안녕, 난 가난해야."

"그래? 이름 촌스럽기도 하지. 난 도도해야. 만나서 반가워."

"근데, 미팅하는데 강아지는 왜 데리고 나왔어?"

"왜? 맘에 안 들어? 우리 몽몽이는 그냥 강아지가 아니야. 나의 분신과도 같은 강아지지. 앤 내가 말하지 않아도 내 기분을 누구보다도 잘 알아. 그래서 난 항상 우리 몽몽이를 함께 데리고 다니지."

"아 그래? 강아지 이름이 몽몽이구나. 귀엽네. 한번 만져 봐도 될까?"

"안 돼. 만지지 마. 우리 몽몽이는 알레르기가 있어서 아무나 손대면 안 된단 말이야. 조심해 줘 앞으로."

"어 그래, 근데 그 지갑 참 예쁘다."

"지갑? 이 지갑은 저번 달에 프랑스에 가서 사온 건데, 우리 몽몽이 거야. 어때 귀여워?"

"어? 몽몽이 거라고?"

"왜? 우리 몽몽이는 지갑 같은 거 있으면 안 돼? 개는 지갑 가지지 말라는 법이라도 있어?"

"아니, 그건 아니고."

너무 도도하고 돈이 많아서 제 맘대로인 도도해 양이긴 했지만, 그런 그녀가 가난해 씨는 좋기만 했다.

그 이후로 가난해 씨는 도도해 양을 쫓아다니며 구애 작전을 펼쳤지만, 그런 가난해 씨의 사랑을 도도해 양은 쉽게 받아 주지 않았다.

그러던 어느 날 가난해 씨는 도도해 양의 집 앞 골목에서 도도해 양을 기다리고 있었다. 저 멀리서 도도해 양이 걸어오는 걸 발견한 가난해 씨는 도도해 양을 향해서 달려갔다. 그런데 갑자기 사방에서 남자들이 나오면서 도도해 양에게 치근덕거리기 시작했다.

"오…… 아가씨. 예쁜데? 시간 있어?"

"저리 비키지 못해. 비키지 않으면 경호원들을 부르겠어."

"허허. 불러 봐. 그건 그렇고 그 강아지는 뭐야? 아…… 복날도 다가오고 나 먹으라고 가져온 거구나. 우리 아가씨 얼굴만 예쁜 줄 알았더니 나를 위해서 보신탕도 준비할 줄 알고 센스가 넘치는데."

그 순간 가난해 씨가 도도해 양을 막아섰다.

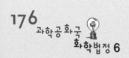

"비키지 못해. 그 여자 건드리지 마."

"이건 또 어디서 굴러먹다 온 개뼈다귀야? 좋은 말 할 때 꺼져라 아그야, 응?"

"너나 꺼지시지."

"이거 정말 말로 해선 안 되겠는데?"

그 순간 가난해 씨의 얼굴엔 주먹과 발이 날아왔다. 하지만 가난해 씨는 쓰러지면 또 일어나고 쓰러지면 또 일어나고 맞으면서도 끝까지 일어났다.

"아 독종이다. 그냥 가자. 너 오늘 운 좋은 줄 알아라, 응?"

그렇게 건달들은 가 버렸고, 가난해 씨의 얼굴은 상처들과 피범벅으로 가득했다.

"괜찮아? 그러게 누가 그렇게 덤비래."

"난 괜찮아…… 도도해는 어디 다친 데 없어?"

"없어, 근데 여긴 웬일이야. 내가 분명히 나 기다리지 말라고 말했을 텐데?"

"내일 내 생일인데, 널 꼭 초대하고 싶어서."

"그래? 좋아. 나 때문에 이렇게 다쳤으니 내일 한 번만 만나 줄게."

다음 날 가난해 씨와 도도해 양은 학교에서 만났다.

"도도해, 나와 줬구나. 고마워."

"고맙긴. 내가 더 고맙지. 가난해, 잠깐만 나 좀 따라올래?"

"어디로 가는데?"

"잔말 말고 따라오기나 해."

도도해 양은 가난해 씨를 끌고 자동차 대리점으로 데리고 갔다.

"여긴 왜 온 거지? 도도해."

"보면 몰라? 맘에 드는 걸로 하나 골라."

"글쎄, 이런 거 필요 없어. 난 운전면허증도 없는데."

"넌 구더기 무서워서 장 못 담그니? 빼지 말고 사 준다고 할 때 골라. 난 저 스포츠카가 맘에 드는데, 넌 어때?"

"난 아무거나 맘에 들어."

"그런 줏대 없는 발언 맘에 안 들어. 하지만 차가 내 맘에 드니까 저 차로 고르도록 해."

"그래, 근데 갑자기 왜 차를……."

"사 주는 거냐고? 생일 선물이니까 너무 부담 가지지 마. 한 달 용돈 탈탈 털어서 산 거긴 하지만, 내 생명의 은인이니까 이 정도는 해야지, 안 그래?"

갑자기 차를 선물 받은 가난해 씨는 당황스럽긴 했지만, 도도해 양이 선물을 주었다는 생각에 기분이 좋아졌다.

"우리 차도 새로 샀으니까, 드라이브나 하러 갈까? 니 생각은 어때?"

"어? 나야 좋지. 그럼 운전은?"

"내가 하지 뭐. 넌 옆에서 우리 몽몽이나 잘 데리고 있어. 손은 깨끗이 씻었겠지? 저번에도 말했겠지만 우리 몽몽이 피부가 좀 예

민해."

"깨끗이 씻었어. 걱정하지 마."

드라이브를 하다 보니 가난해 씨와 도도해 양은 난생처음 가보는 시골 마을 쪽으로 차를 몰고 가게 되었다.

'도도해도 이젠 날 조금 좋아해 주는 건가? 따라다닌 보람이 있는데.'

이런 생각에 흐뭇해진 가난해 씨는 도도해 양과 같이 있다는 사실에 마냥 행복하기만 했다.

그렇게 드라이브를 하는 동안 날이 어둑어둑해지고, 저녁이 되었다.

"멍멍 멍멍."

"우리 몽몽이 배고픈 거야? 그러고 보니 나도 배가 고픈 거 같긴 한데, 우리 뭐 좀 먹고 갈까?"

"응, 저기 마을 안으로 들어가 보자."

"뭐야, 다 허름한 곳뿐이잖아. 어떡하지? 여기서 나가려면 한참 걸릴 텐데."

"멍멍 멍멍."

"그래, 우리 몽몽이가 저렇게 배고파하는 걸 보니, 도저히 안 되겠어. 그냥 여기서 먹고 가야겠는걸."

그렇게 식당을 찾아 헤매다가 가난해 씨와 도도해 양은 허름한 식당으로 들어갔다.

"어서 오슈. 뭐 드시겠수?"

"국밥 세 그릇. 근데 영감, 저건 뭐야?"

"저건 파리 잡는 끈끈이잖아. 끈끈이 처음 봐? 근데, 이 아가씨가 어디서 어른한테 반말이야.?"

"파리 꼬라지 하고는…… 밥맛 떨어지니까 우리 테이블에 있는 끈끈이는 떼버리도록 하겠어."

그러고는 도도해 양은 가위로 사정없이 끈끈이를 잘라 버렸다. 그 순간 몽몽이가 테이블 위로 올라가더니 끈끈이를 핥기 시작했다.

"몽몽아 이리 와. 그건 더러운 파리야."

그런데 끈끈이를 핥던 몽몽이가 갑자기 경련을 일으키더니 죽고 말았다.

"몽몽아, 몽몽아, 정신 좀 차려 봐. 도대체 왜 그러는 거야?"

"무슨 일이슈? 강아지가 죽었나 보지?"

"이 영감탱이가, 보면 모르겠어? 당신이 걸어 놓은 파리 끈끈이 때문에 우리 몽몽이가 지금 죽었잖아? 어떡할 거야 우리 몽몽이? 살려내 당장 살려내라고."

"이 아가씨가 사람 잡겠네. 이 끈끈이는 파리 잡는 끈끈이지, 개 잡는 끈끈이가 아니야. 그러니까 개는 끈끈이 때문에 죽은 게 아니라고."

"과연 그럴까? 영감탱이 당신을 화학법정에 고소해서 우리 몽몽이의 억울한 한을 풀어 주겠어."

파리 잡는 끈끈이에는 중금속인 비소가 붙어 있어 동물뿐 아니라 사람에게도 매우 위험합니다. 비소는 독약으로도 많이 알려져 있고 마약과도 관련이 있는 중금속으로, 비소에 중독되면 구토, 설사 등이 일어나고 식욕이 줄어들고 빈혈이나 심장 발작이 일어납니다.

파리 끈끈이에는 어떤 성분이 있을까요?
화학법정에서 알아봅시다.

 재판을 시작하도록 하겠습니다. 피고 측 변론

하세요.

아이고…… 시끄러워서 변론을 할 수가 없네

요. 원고는 제발 진정 좀 하세요. 강아지가 죽은 게 그렇게 하

염없이 울 정도인가요?

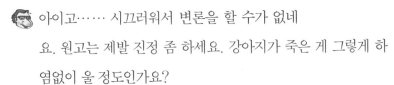 정든 애완견이 죽었는데 슬픈 게 당연하겠죠. 이해하고 변론

시작하세요.

파리 끈끈이는 분명 파리를 잡기 위한 것이지, 애완견을 죽이

기 위해 나온 제품이 아닙니다. 애완견은 애완견에게 위험한

다른 물질이 있을 거라고요. 게다가 식당에 매달아 놓은 끈끈

이를 뗀 사람은 다름 아닌 원고 아닙니까? 설사 애완견이 죽

은 이유가 끈끈이 때문이라 할지라도 원고의 잘못이 큽니다.

끈끈이 때문이 아니라면 애완견이 끈끈이를 핥다가 죽은 이유

는 무엇일까요?

그거야 드라이브를 했다고 하는데 차를 너무 오래 타서 애완

견이 탈진을 했든지 스트레스를 받아서일 수 있지요.

요즘은 동식물들도 스트레스를 받는다고들 하긴 하던데……

정말 그 이유일까요? 원고 측 변호사는 애완견의 죽음이 파리 끈끈이 때문이라고 밝힐 수 있을지 변론을 들어 보도록 하겠습니다.

 모두들 파리 끈끈이가 얼마나 무서운 물건인지를 모르고 하시는 말씀입니다. 파리 끈끈이는 파리를 잡기 위해 개발된 물건이지만 파리뿐 아니라 다른 생물에게도 해를 끼칩니다. 물론 사람에게도 말입니다. 파리 끈끈이에 어떤 화학적 성분이 있기에 이렇게 위험한지 설명해 드리기 위해 화학약품개발연구단지의 개발연구팀장 강약국 씨가 나와 주셨습니다.

연구원인 듯 보이는 남자가 하얀 가운에 까맣고 굵은 뿔테를 쓰고 법정에 들어섰다. 중독성 약품을 담은 듯한 병을 조심스레 안고 걸어 나와 책상 위에 놓고는 증인석에 앉았다.

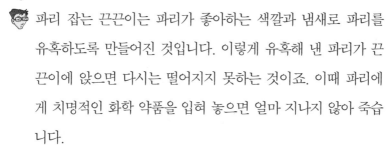

파리를 잡기 위한 끈끈이는 어떻게 만들어진 것입니까?

파리 잡는 끈끈이는 파리가 좋아하는 색깔과 냄새로 파리를 유혹하도록 만들어진 것입니다. 이렇게 유혹해 낸 파리가 끈끈이에 앉으면 다시는 떨어지지 못하는 것이죠. 이때 파리에게 치명적인 화학 약품을 입혀 놓으면 얼마 지나지 않아 죽습니다.

파리 끈끈이는 파리가 아닌 다른 동물들에게도 치명적입니까?

물론입니다. 독약으로도 많이 알려져 있고 마약과도 관련이 있는 중금속인 비소가 파리 끈끈이에 붙어 있어 동물뿐 아니라 사람에게도 매우 위험합니다. 역사적으로 나폴레옹의 머리카락에서 높은 농도의 비소가 검출되었기 때문에 나폴레옹이 비소 중독으로 죽었을지 모른다는 논란이 계속되고 있으며, 아편중독자들의 머리카락에서도 많이 발견되어 중독 여부를 판별하기도 합니다.

비소가 중금속이라면 인체에 축적되겠군요. 비소는 어떤 특징이 있습니까?

비소는 오염된 야채나 과일에 남아 있는 농약, 오염된 물고기나 조개류, 살충제, 산업 폐기물, 쥐약, 방부제 등이 원인으로 작용하여 쌓이게 됩니다. 비소에 중독되면 목이나 식도가 오그라들면서 구토, 설사 등이 일어나고 오줌의 양이 줄어들거나 식욕이 줄어들고 빈혈이나 심장 발작이 일어납니다.

비소 중독에 대한 예방책이나 치료 방법으로는 어떤 것이 있는지 알려 주세요.

예방법으로는 비소에 오염된 물질을 먹거나 가까이 하는 것을 피하고 야채나 과일은 오염되지 않은 것을 먹어야 합니다. 몸에 쌓인 비소를 배출하기 위해서는 셀레늄, 철, 요오드, 칼슘, 마그네슘, 아연, 비타민C 등이 많은 자연식품을 먹는 것이 좋습니다.

 몽몽이가 파리 끈끈이를 핥다가 죽은 것은 당연한 일이었을지 모릅니다. 이렇게 무서운 비소가 파리 끈끈이에 묻어 있는데 사람들이 음식을 먹는 식당에 매달려 있었다니 정말 입이 벌어질 만큼 놀라운 일입니다. 파리 끈끈이가 사람의 생명을 노리고 있는 것이 아니고 무엇이겠습니까? 식당이나 사람들이 많이 가는 공공장소에서 파리 끈끈이를 사용하는 것을 제한해야 합니다. 음식점을 경영하는 피고는 애완견을 잃은 원고의 마음조차 외면했습니다. 원고에게 사과하고 식당의 파리 끈끈이도 제거해야 할 것입니다.

원고 측 변론 잘 들었습니다. 그동안 예사롭게 지나쳤던 파리 끈끈이가 생명을 위협할 정도였다니 정말 무섭군요. 피고는 원고가 아끼던 애완견이 죽어 슬퍼하는 마음을 이해하고 원고에게 애완견의 장례를 치를 수 있도록 비용을 지급할 것을 판결합니다.

재판 후 과학공화국 정부에서는 모든 곳에서 파리 끈끈이 사용을 금지하는 법률을 제정하였다.

 비소

비소는 자연에 널리 분포하며 단독으로 발견되며 열을 가하면 액체를 거치지 않고 고체에서 기체로 바뀌는데, 이런 현상을 승화라고 합니다. 비소처럼 승화를 하는 물질로는 요오드, 드라이아이스 등이 있습니다.

새집증후군

새집 때문에 아플 수도 있나요?

"방 세 칸에 욕실 하나 이렇게 있어서, 네 명이 살기에 딱 적당해요. 남향이라 여름엔 시원하고 겨울엔 따뜻해서 난방비도 별로 안 들고요."

"어때? 맘에 들어?"

"응, 이 정도면 우리 가족 네 명이 살기에 딱 적당한 거 같아. 햇빛도 잘 들고 말이야."

"그럼, 바로 계약할까?"

"그러세요, 이 집이 지은 지도 얼마 안 돼서 금방금방 빠지고 없어요."

"그럼, 지금 바로 계약할게요."

"잘 생각하셨어요."

연립주택을 소유하고 있는 김깔끔 씨는 집을 임대해 주기 위해 계약서를 작성한 후, 종이 한 장을 더 꺼내 들었다.

"죄송하지만, 각서 하나를 더 쓰셔야겠어요."

"각서요?"

"네, 아까도 말했다시피 저희 집이 지은 지 얼마 안 된 깨끗한 집이거든요. 깔끔 계약서라고, 별로 어려운 건 아니니까 읽어 보시고 사인만 하시면 돼요."

집을 얻으러 온 김말복 씨는 김깔끔 씨가 건네준 깔끔 계약서를 읽어 내려갔다.

"우리가 이 집에 사는 동안 이 집의 청결을 유지하며, 자신의 집처럼 아끼고 깨끗이 할 것을 굳게 다짐합니다. 만약 이를 어길 경우, 이 집의 리모델링 값을 지불할 것을 약속합니다. 그리고 일 년에 한 번 리모델링을 위하여 집을 비워 줄 의무를 지킬 것 또한 약속합니다. 하하, 사장님 참 재미있으신 분이네요. 이런 거쯤이야 당연한 거니까 사인하죠."

세입자 김말복 씨는 김깔끔 씨가 재미있는 사람이라 생각하며 기꺼이 사인을 했다.

사실 김깔끔 씨는 병에 가까울 정도로 청결해서, 마당에도 먼지 티끌 하나 떨어져 있는 꼴을 볼 수 없을 정도였다. 김깔끔 씨는 일어나자마자 연립 주택 복도와 마당을 쓰는 일로 하루를 시작했다.

"안녕하세요. 마당 쓰시나 봐요. 수고하세요."

"네, 회사 가시나 봐요. 잘 다녀오세요."

그리고 이 일이 끝나고 나면 그때부터 하루 종일 집안 청소를 하기 시작했다. 그리고 청소가 다 끝나고 해가 질 무렵이면 또다시 밖으로 나가 복도와 마당을 쓸었다.

"아침에도 마당을 쓸고 계시더니, 또 마당을 쓸고 계시는군요."

"쓸어도 쓸어도 계속 더러워지니까 어쩔 수 없이 쓸어야죠."

"제가 보기엔 깨끗한걸요. 그러다 바닥 닳겠어요."

김말복 씨는 김깔끔 씨가 심하게 깔끔을 떤다고 생각했지만 그냥 대수롭지 않게 넘겼다.

그러던 어느 날 마당을 쓸던 김깔끔 씨는 과자 부스러기가 떨어져 개미들이 들끓고 있는 것을 발견하고는 말끔히 치웠다.

그런데 그 다음 날도 마당을 쓸던 김깔끔 씨는 과자 부스러기가 떨어져 개미들이 들끓고 있는 것을 발견하고는 화가 머리끝까지 치솟았다.

'도대체 어떤 녀석들이야? 저번에는 이런 일이 없었는데, 새로 이사 온 집 아이들 소행이 틀림없어. 아니지, 그렇다고 섣불리 증거도 없이 가면 안 되니까 증거를 잡아야겠어.'

증거를 잡아서 따끔하게 혼내 줘야겠다고 생각한 김깔끔 씨는 집에 있는 아들의 디카를 들고 과자 부스러기를 흘리는 장면을 포착하기 위해서 숨어 있었다.

밤새도록 기다렸지만 아무도 과자 부스러기를 흘리지 않았고, 결국 증거를 포착하지 못한 채 집에 들어갈 수밖에 없었다. 그 다음 날 아침, 마당을 쓸던 김깔끔 씨는 또 과자 부스러기와 함께 개미가 들끓고 있는 모습을 발견하고는 도저히 참을 수가 없어서 오늘은 무슨 수를 써서라도 범인을 잡고 말겠다는 생각에 어제처럼 숨어 있었다. 날이 어둑어둑해지자 한참을 기다리던 김깔끔 씨는 자신도 모르게 깜빡 잠이 들었고, 누군가 부스럭거리는 소리를 듣고는 잠이 깼다.

'옳거니…… 네놈이렷다.'

김깔끔 씨는 사진을 찍었고, 그 순간 플래시가 번쩍했다. 사진을 찍자마자 뛰어나가 범인을 잡은 김깔끔 씨는 소스라치고 말았다. 범인은 새로 이사 온 김말복 씨의 아들이 아니라, 바로 자신의 아들 이었기 때문이다.

"이놈의 웬수, 너 여기서 뭐 해?"

"엄마가 집에서 과자 먹으면 부스러기 흘린다고 밖에서 먹고 들어오라고 그랬잖아. 그래서 밖에서 먹고 들어가는 중인데, 뭐가 잘 못됐어?"

"뭐라고? 인생에 도움이 안 되는 자식 같으니라고. 너 때문에 내가 미쳐."

그렇게 범인이 자신의 아들이라는 사실이 밝혀졌고, 그 벌로 아들에게 일주일 동안 마당 쓰는 일을 시켰다.

김깔끔 씨는 이 정도로 심하게 깔끔을 떨었고, 그로 인해서 가족과 자신의 집에 세를 들어 사는 사람들은 많은 어려움을 겪고 있었다. 그러던 어느 날, 김깔끔 씨는 자신의 집을 다시 리모델링하기 위해서 세입자들에게 일주일 동안 집을 비워 달라는 공고문을 붙였다.

"일주일 동안 집을 나가 달라고? 도대체 무슨 일이지? 혹시 왜 그러는지 알고 계세요?"

갑작스런 일에 놀란 김말복 씨는 옆집 사람에게 물어봤다.

"이 집 주인장한테 결벽증이 있는데, 일 년에 한 번씩 세입자를 내보내고 집을 다시 깨끗이 수리하는 거래요. 정말 대단한 것 같아."

"그럼 일주일 동안 도대체 어디로 가 있어야 하는 거죠? 갈 데도 없는데."

"그러게 말이에요. 집 깨끗하게 해 준다는데 말릴 수도 없고, 일주일 동안 여관 신세라도 져야죠. 어쩌겠어요?"

세입자들은 일주일 동안 집을 비워야 한다는 사실에 많은 불만이 있었지만, 집을 깨끗하게 리모델링해 준다는 말에 불편함을 감수하기로 했다.

그러고는 일주일이 지났고, 세입자들이 다시 집으로 돌아오기 시

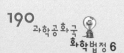

작했다.

"여보, 리모델링하니까 정말 새집 같아요."

"그러게, 일주일 동안 밖에서 생활하니까 불편해서 죽는 줄 알았는데, 고생한 보람이 있긴 있네."

"리모델링한 지 얼마 안 돼서 그런지 아직 새집 냄새가 나요. 냄새 빠지게 환기 좀 해야겠어요."

"그래야겠어."

리모델링을 위해 몇 달 주기로 이런 불편함을 감수해야 했지만 김말복 씨 부부는 깨끗한 집에서 살 수 있다는 사실에 만족하기로 했다.

그러던 어느 날 밤 김말복 씨의 아들이 심하게 아프기 시작했고, 결국 병원으로 실려 가는 일이 생겼다. 그런데 알고 보니 병원에 온 사람은 김말복 씨의 아들만이 아니었다.

같은 집에 세 들어 사는 사람들도 병원에 입원해 있었던 것이다.

"여긴 웬일이세요?"

"우리 아들이 갑자기 아파서 밤늦게 병원에 오게 됐어요."

"우리 아들도 갑자기 아프기 시작해서 병원에 데리고 왔는데, 알고 보니까 옆집 김씨랑, 옆옆집 강씨랑, 민씨네 집 사람들도 병원에 왔더라고요."

"정말요? 이거 우연치곤 정말 이상한데요?"

"그러게요, 의사 선생님한테 물어보니까 새집증후군인가 뭔가 그거랑 관련이 있다지 뭐예요."

이 얘기를 들은 세입자들은 너무 화가 났고, 모두 김깔끔 씨에게로 몰려갔다.

"당신이 집 리모델링한다고 난리치는 바람에 우리 가족들이 병에 걸리게 생겼소. 어떻게 책임질 거요?"

"어머, 그게 왜 리모델링 때문이죠? 리모델링 때문이라는 증거라도 있나요?"

"증거? 이 집에 사는 사람 중에서 병원에 입원한 사람이 열 명도 넘어요. 그런데도 증거가 더 필요한가요?"

"전 인정할 수 없어요."

"이 사람 정말 안 되겠군. 우리 이 사람을 화학법정에 고소합시다."

새로 지은 집에서 살다 보면 집을 지을 때 사용한 건축 자재에서 나온 해로운 화학 물질이 실내 공기를 오염시켜 건강에 이상이 올 수 있습니다. 이러한 증상을 새집증후군이라고 합니다.
이렇게 오염 물질이 많은 실내에서 살다 보면 면역 기능이 떨어져 힘이 빠지고 쉽게 피로하며 각종 병에 걸리게 됩니다.

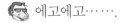 여기는 **화학법정**

새집증후군은 뭘까요?
화학법정에서 알아봅시다.

재판을 시작합시다. 피고 측 변론 준비되셨나요?

에고에고……

어디 아프십니까? 재판 진행이 가능한가요? 어디가 불편하시면 잠시 쉬었다가 진행할까요?

괜찮습니다. 어제 과음을 했더니 속이 쓰려서 그렇습니다.

뭐라고요? 오늘 재판 준비를 해야지 과음이라니. 쯧쯧.

아이고, 판사님이 저한테 잔소리도 해 주시고 좋네요. 크크. 외로워서 그런지 잔소리도 관심의 표현으로 들리는군요.

얼마 전까진 괜찮았던 것 같은데 혼자 살면 상태가 심각해지나 보군요. 이걸 어쩌나……

변론할 에너지는 있습니다. 걱정 마세요. 히히. 오늘 웬일이세요? 제 말도 들어주시고?

제가 언제 화치 변호사 말 듣지 않은 적 있습니까? 엄살 그만 피고 변론이나 하시지요.

넵, 변론을 시작합니다. 세 들어 사는 사람들에게 깨끗하게 리모델링한 좋은 집에서 살도록 해 줬는데 도리어 고소를 당하

다니 연립 주택 소유주인 피고는 황당할 수밖에 없는 사건이 아닐 수 없습니다. 리모델링한다고 했을 땐 다들 좋아했다가 아이들이 아픈 것을 리모델링 때문에 생긴 새집증후군이라고 억지를 쓰고 있는데요. 리모델링 때문에 아픈 거라면 확실한 증거를 제시해야 할 것입니다.

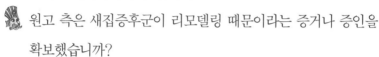 원고 측은 새집증후군이 리모델링 때문이라는 증거나 증인을 확보했습니까?

네, 그에 대해 변론을 시작하겠습니다. 같은 건물에 살면서 열 명이 넘는 사람이 동시에 아픈 이유가 무엇이겠습니까? 이럴 경우 공통적인 부분이 있게 마련인데요. 이 건물 사람들의 공통점은 리모델링한 집에서 산 것밖에 없습니다. 따라서 병원에 입원하게 만든 원인은 리모델링으로 인한 새집증후군이라고 확신합니다. 이를 밝혀 줄 증인을 모시겠습니다. 리모델링학을 전공하고 현재 건축자재연구센터 소장님으로 계시는 나설계 님입니다.

증인 요청을 인정합니다. 증인석으로 나오십시오.

40대 초반으로 보이는 남자가 딱딱한 강목과 철기둥을 옆구리에 끼고 두루마리 벽지를 한손에 들고 걸어 나왔다. 굳은 얼굴의 남자는 공사 현장을 다녀온 듯 가쁜 숨을 몰아쉬면서 쿵쿵거리며 나와서 증인석에 앉았다.

바쁜 중에 참석해 주셔서 감사합니다. 병원에서 새집증후군이라고 병명이 나왔는데요. 새집증후군이란 무엇이며 리모델링을 하면 새집증후군으로 인해 건강에 이상이 올 수 있습니까?

새집증후군이란 새로 지은 주택이나 집을 고칠 때 발생하는 해로운 화학 물질 때문에 실내 공기가 오염되어 눈이나 코나 목 등에 이상이 생겨 토하거나 어지러움을 느끼는 등 건강에 이상을 일으키는 증세를 말합니다. 실내 공기를 오염시키는 화학 물질에는 포름알데히드와 휘발성 유기 화합물 등이 있는데 물과 섞어 합판이나 바닥, 가구 등의 접착제로 사용합니다. 이러한 오염물질이 많은 실내에서 살다 보면 면역기능이 떨어져 힘이 빠지고 쉽게 피로하며 각종 병에 걸리게 되지요. 그리고 심각한 경우에는 암을 일으키기도 해요. 시멘트, 콘크리트, 모래, 진흙, 벽돌 등의 건축 자재에서는 호흡기를 통해 폐로 들어가면 폐질환을 유발하는 라돈가스가 나오기도 하는데 이것도 아주 위험한 물질이지요.

왜 위험하죠?

라돈은 색깔과 냄새가 없는 기체이기 때문에 발견되지 않는데 폐암이나 위암을 일으키는 물질로 알려져 있습니다.

새집증후군은 정말 심각한 문제로군요. 새집증후군이 생기지 않도록 피해를 줄이는 방법은 없습니까?

우선 화학 물질이 들어간 소재 대신 건강에 좋은 소재를 사용

해야 합니다. 또 환기를 자주하여 실내의 오염 물질을 내보내는 것도 좋지요.

이번 사건은 공사 비용을 아끼기 위해 값싼 소재를 사용했기 때문에 일어난 일이라고 볼 수밖에 없는데요. 그렇다면 입주하기 전에 환기를 권하거나 주의 사항을 미리 알려야 했던 것 아닙니까? 특히 아이들이 사는 건물일수록 오염 물질이 나올 수 있는 자재를 사용할 때는 특별히 주의해야 합니다. 피고는 책임감을 느끼고 원고들에게 병원치료비 전액을 보상하고 건물 공사를 다시 해 주어야 할 것입니다.

새집증후군에 대해 듣고 나니 정말 무섭다는 생각이 드는군요. 병원에 누워 있는 어린이들이 하루빨리 완치되길 바랍니다. 피고는 치료비와 정신적 손해를 보상할 책임이 있으며 소재를 바꾸어 다시 공사할 것을 판결합니다.

재판 후 과학공화국 정부는 사람 몸에 해로운 물질을 내보내는 소재를 이용해 공사를 하지 못하도록 금지하는 법률을 제정했다.

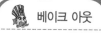 **베이크 아웃**

베이크 아웃이란 새집으로 들어가기 전에 보일러 등으로 실내를 가열한 후 환기하는 방법으로, 새집을 건조하게 만들어 각종 해로운 물질을 빠르게 배출시키는 것을 말합니다.

수은 온도계가 호수를 오염시켰어

수은은 사람 몸에 얼마나 해로울까요?

아나까나라는 작은 마을에 호수가 하나 있었고, 그 마을 사람들은 호수에서 고기를 잡아 팔면서 가난하게 생계를 유지하고 있었다.

아나까나 마을 사람들은 돈도 별로 없었고, 가진 것도 많지 않았지만 자신들의 생활에 대해 불평해 본 적이 없었고, 이웃들과도 가족처럼 우애 있게 지냈다.

"생선 많이 잡았나?"

"아니, 이 녀석들이 오늘은 전혀 걸려들지 않는구먼. 자넨, 어디 보자. 만선이구먼, 하하."

"이 녀석들이 오늘은 자네를 거부하고 다들 나에게로 오는구먼. 오늘은 내 날인가 벼…… 하하. 이거 좀 들고 가서 얼큰하게 매운 탕이나 끓여 먹게나."

"아니, 됐네 됐어. 자네도 이거 팔고 나면 남는 거도 없을 텐데. 남 좋은 일 하다가 자기 굶어 죽어."

"괜찮네, 우리 집엔 애들도 없는데. 팔아도 남는걸. 공짜로 주는 거 아니니까 부담 갖지 말고 들고 가세. 담엔 배로 들고 갈 테니, 하하."

"참 사람도, 번번이 미안하게시리. 대신 다음번엔 두 배로 갚아 줄 테니 꼭 기억하고 있으시게."

"그럼 그럼, 빌린 건 까먹어도 빌려 준 건 꼭 기억하고 있어야지. 하하."

이렇게 아나까나 마을 사람들은 어려운 처지임에도 서로서로 도우면서 살아가고 있었다.

그러던 어느 날, 언덕에 아나까나 마을과는 어울리지 않는 으리으리하고 사치스러워 보이는 집이 한 채 지어지고 있었다.

"오매…… 도대체 누가 저런 집을 우리 동네에 짓는 거지?"

"소문 못 들었어? 작년에 이사 간 김씨가 돈 많이 벌어서 성공했나 벼. 근데, 김씨 부모님이 고향으로 돌아가고 싶다고 그랬나 봐. 그 늙은 사람들이 살면 얼마나 살겠냐는 생각이 들었는지 김씨도 이참에 늙은이들 소원이나 들어주자 그런 생각으로 고향에 돌아오기로 결심했대."

"하긴, 죽은 사람 소원도 들어준다는데, 산 사람 소원 못 들어주겠어?"

"아따…… 나는 언제 저런 집에서 살아 보겠냐? 부럽다 부러워."

몇 달 후 김씨 집은 완공되었고, 김씨는 이사를 오게 되었다.

그러고 나서 며칠 후, 호수를 낚시터로 만든다는 소문이 돌기 시작했다.

"자네, 그 얘기 들었는가?"

"무슨 얘기?"

"우리 동네 호수를 낚시터로 만든대. 솔직히 우리 동네처럼 물 좋고 공기 좋은 곳이 어디 있겠어? 낚시터로 만들기만 하면 장사는 식은 죽 먹기나 마찬가지지."

"아, 그것도 일리가 있긴 있군. 그 사업을 누가 하는 건데?"

"글쎄, 이사 온 김씨가 아이디어를 내서 하는 거라고 하더군. 호수 변두리 땅이 다 김씨 거래. 그리고 호수 주변에 가게를 임대하는데, 벌써 마을사람들이 줄을 섰다는군."

"정말? 우리도 이번 참에 장사나 한번 해 볼까?"

호수가 낚시터로 바뀌면 관광객이 많이 몰려들 거라는 소문이 퍼졌고, 이 소문을 들은 마을 사람들은 너 나 할 거 없이 호수 주변에 가게를 임대하기 시작했다.

호수 주변의 경관을 꾸미고 낚시터를 개장하자 예상했던 대로 하루에 수백 명의 관광객이 몰려들기 시작했다. 그렇게 관광객이 몰려들기 시작하자 아나까나 마을 사람들은 예전에는 미처 만져 보지도 못했던 많은 돈을 벌어들이기 시작했고, 더 많은 돈을 벌기 위해 관광객들에게 바가지를 씌워서 음식이나 물건을 팔기 시작했다.

"아저씨, 이거 얼마예요?"

"만 원이오."

"무슨 염주 하나가 만 원이나 해요? 저기 옆집에 가니까 7000원밖에 안 하던데. 아저씨 바가지 심하게 씌우신다."

"안 살 거면 저리 꺼지슈."

그러고는 화가 난 채 옆 가게로 가서는 고함을 지르기 시작했다.

"너 때문에 장사 말아먹게 생겼어. 절대 만 원 이하로 받지 말자고 큰 소리 친 게 누군데. 다신 나한테 아는 척도 하지 말게."

하루가 멀다 하고 이런 싸움이 나기 시작했고, 우애 좋던 이웃 사이도 점점 멀어지기 시작했다.

그리고 이런 마을 사람들의 불친절한 태도가 입 소문을 타서 전해졌고, 관광객들의 발길도 점점 뜸해지기 시작했다.

그러던 어느 날 호숫가에 온도계 공장이 들어선다는 소문이 나기 시작했다.

"호숫가에 온도계 공장이 들어온다던데, 그게 사실이야?"

"나도 그 소문 들었어. 이번에도 김씨가 벌인 일이라던데?"

"뭐? 김씨가 뭐가 아쉬워서?"

"요즘 관광객들이 뜸해지고 있잖아. 이제 이 사업은 물 건너갔다고 생각했겠지. 대신에 땅덩이 팔아서 공장 내주면 자기야 손해 볼 거 없는 장사니까 뭐. 그리고 이건 어제 몰래 엿들은 건데, 공장을 짓게 해 주는 대신에 돈을 엄청 받아 처먹었나 봐."

"뭐? 이렇게 가만히 당하고만 있을 거야? 우리도 무슨 수를 쓰든지 해야지. 안 되겠어."

이런 소문을 들은 마을 사람들은 1년 만에 처음으로 한자리에 모였다.

"여러분, 그동안 우리한테 콩깍지가 씌었나 봐요. 지금 돈은 많이 벌었지만 대신 이웃 간의 사랑은 잃었다는 거, 여러분들도 다 알고 계실 거예요. 저 돈벌레 김씨의 꼬임에 넘어가서 여기까지 오긴 했지만, 더는 안 돼요. 이러다가 우리의 아름다운 호수까지 잃게 될지도 모른다고요. 공장이 들어서면 폐수 때문에 호수가 오염되고 말 텐데, 무슨 수를 써서라도 막아야 해요."

호수에 공장이 들어서는 것을 막기 위해서, 마을 사람들은 돌아가면서 김씨의 집 앞에서 시위를 하기 시작했고, 김씨가 창문에 얼굴을 잠깐 비추기라도 하면 준비해 온 계란을 던져 댔다.

"여보, 시끄러워서 살 수가 없어요. 어떻게 좀 해봐요."

"저 멍청한 것들이 뭘 안다고 지껄이는 건지. 그나마 낚시터 개발해서 먹고살게 해준 게 누군데."

"그러지 말고 마을의 대표를 만나 봐요. 그게 속 편하지."

마을 사람들의 괴롭힘을 견디지 못한 김씨는 항복을 하고 마을의 대표와 협상을 하기 시작했다.

"나한테 원하는 게 뭐요?"

"몰라서 그래? 공장을 지으면 호수가 오염될 게 뻔한데 두고만 보고 있으라고?"

"이 사람들이, 공장 짓는다고 오염되면 우리나라에 공장 하나도 없게? 공장을 짓는 대신 폐수를 정화해서 흘려보내도록 하지. 그럼 되는 거 아니오?"

'듣고 보니 틀린 말은 아닌데……'

순진한 마을 사람들은 또다시 김씨의 말을 믿었고, 폐수를 정화해 흘려보내겠다는 말에 공장을 짓도록 타협을 보았다.

그렇게 공장이 들어서고, 김씨의 약속대로 마을 사람들 중 몇 명은 일자리를 가지게 되었다.

"여보, 이 불량품은 어떻게 처리하죠?"

"그러게 말이야."

"아, 사람들 몰래 밤에 호숫가에 가서 불량품을 부셔서 버리면 안 될까요? 밤에 버리는데 누가 보겠어요? 그리고 우린 폐수를 정화해서 흘려보내겠다고 약속했지, 불량품을 버리지 않겠다고 약속하진 않았잖아요."

불량품을 어떻게 처리할까 고민하던 김씨는 수은 온도계를 부셔서 밤마다 호수에 버리기 시작했다.

그러고 한 달 정도의 시간이 지나자, 호수의 물고기들이 떼죽음을 당해서 둥둥 뜨는 일이 발생했다. 마을 사람들은 시간이 지나면 나아질 거라고 생각했지만, 몇 주일이 지나도 그런 일이 계속 발생했고, 또다시 마을 회의를 열었다.

　"분명히 온도계 공장 때문에 이런 일이 생기는 게 틀림없어."

　"맞아, 이 돈벌레 김씨를 이번만큼은 용서할 수 없어요."

　화가 머리끝까지 치밀어 오른 마을 사람들은 김씨를 찾아가서 따졌다.

　"당신 공장 때문에 물고기들이 떼죽음을 당하고 있어. 어떻게 책임질 거야?"

　"난 약속대로 폐수를 정화해서 내보냈다고. 난 아무 잘못 없어."

　"아무 잘못 없다고? 순진한 우리가 당신 같은 악당 말을 믿은 게 잘못이지. 당신이 온도계 불량품을 호수에 몰래 버리는 걸 본 사람들이 있다고. 이래도 발뺌할 거야."

　"글쎄, 그건 나도 모르는 일이니까 생사람 잡지 말게."

　"그래도 끝까지 뻔뻔하게 나오는군. 누가 이기는지 화학법정에 가서 확인해 보자고."

수은은 휘발성이 있어 피부를 통해 인체에 쉽게 흡수되는데,
하루 0.2밀리그램 이상 흡수하면 위험합니다. 수은이 사람 몸에
들어오면 사람의 신경계에 작용하여 신경을 마비시키고
뇌 기능을 손상시켜 말을 잘 못하게 하거나 잘 못 듣게 합니다.

여기는 **화학법정**

수은은 얼마나 심각한 문제를 일으킬까요?
화학법정에서 알아봅시다.

 재판을 시작하겠습니다. 피고 측 변론…….
엥? 화치 변호사 어디 갔습니까?

헥헥, 재판장님 저 지금 여기 왔습니다.

 무슨 일입니까? 왜 이렇게 늦었어요? 무슨 일 있었나요?

그게 아니구요. 음…… 실수로 물리법정에 갔지 뭡니까? 허겁
 지겁 뛰어왔는데도 제 다리가 숏다리라 늦어 버렸네요. 히히.

참…… 정신없이 사시는군…… 변론할 준비는 되었어요?

물론입니다. 제가 뭐 변론을 오래하나요? 크크. 변론을 시작
하도록 하겠습니다. 아나까나 마을은 원래 고기잡이나 하면서
하루하루 먹고살기 힘든 작은 마을이었습니다. 피고가 이 마
을로 내려온 후 사람들에게 장사도 하게 해 주고 일자리도 주
었습니다. 그런 피고를 고소하다니 은혜를 원수로 갚는 격이
군요. 피고는 약속한 대로 공장의 폐수는 모두 정화해서 내보
냈으며 피고가 버린 불량 수은 온도계는 아주 소량에 불과합
니다. 물고기가 몽땅 죽은 것을 모두 피고에게 책임지라고 한
것은 절대 인정할 수 없습니다.

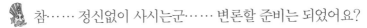 폐수는 정화해서 내보냈는데 물고기가 모두 죽었단 말이군요.

그럼 물고기 죽음의 원인이 수은입니까? 원고 측 변론하시죠.

수은이 크게 나쁘지 않다면 불량 수은 온도계를 도둑처럼 밤에 몰래 버릴 이유가 있나요? 폐수를 정화해 내보내는 것뿐 아니라 수은도 함부로 버리면 안 됩니다. 수은을 비롯한 중금속이 얼마나 위험하고 심각한지 환경 보호 단체 대표 이사 최보호 님을 모시고 설명해 드리겠습니다.

증인은 증인석으로 나오세요.

50대 중반의 최보호 씨는 이번 사건을 접하고 분통을 터트리고 있던 터라 표정이 무척 어둡고 일그러져 있었다.

20년씩이나 환경보호를 위해 일해 오고 계신다니 정말 훌륭한 일을 하고 계시는군요.

평생 보호해야 하는 게 환경 아닌가요? 아니 보호가 웬 말입니까? 오염시켜서는 절대 안 되는 거죠. 자연은 스스로 정화하는 능력이 있는데 사람들이 얼마나 파괴하는지 병을 앓고 있는 것 같습니다.

많이 흥분하신 것 같은데 조금 진정하시구요. 중금속에 대해 몇 가지 여쭤 보겠습니다. 수은을 중금속이라고 하는데, 중금속이 무엇이며 물고기가 떼죽음을 당한 게 수은 때문이라고 말할 수 있는지 설명 부탁드리겠습니다.

중금속은 비중이 4 이상인 금속입니다.

비중이 뭐죠?

부피에 대한 질량의 비율입니다. 즉 물의 비중이 1이므로 같은 부피일 때 물의 질량의 네 배 이상인 금속은 중금속이지요.

어떤 것들이 중금속이죠?

우리 몸에 해로운 영향을 미치는 대표적인 중금속으로는 수은, 납, 카드뮴, 크롬 등이 있습니다. 수은은 온도계, 전지, 형광등, 치과용 아말감 등으로 사용되는데 실온에서 유일하게 액체로 존재하는 금속입니다. 수은은 휘발성이 있어 피부를 통해 인체에 쉽게 흡수되는데 하루 0.2밀리그램 이상 흡수하면 위험합니다.

중금속이 어떻게 사람 몸에 들어가죠?

물이나 흙으로 배출된 중금속은 식물이나 동물의 몸속에 있다가 사람의 몸에 들어갑니다. 이들은 사람의 신경계에 작용하여 신경을 마비시키고 뇌 기능을 손상시켜 말을 잘 못하게 하거나 잘 듣지 못하게 합니다. 이렇게 중금속에 오염되면 아들이나 딸에게까지 영향을 미치므로 아무리 적은 양이라도 몸속에 들어오지 않게 조심해야 합니다.

중금속 오염에 노출되지 않도록 하는 게 제일 우선이겠군요. 어떻게 하면 중금속 피해를 줄일 수 있을까요?

중금속은 자연 상태에서 쉽게 분해되거나 사라지지 않으므로

중금속의 배출을 막는 게 가장 중요합니다. 공장이나 산업체에서 중금속이 포함된 물을 함부로 강에 버리지 말아야 하고 전지에는 중금속이 들어 있으므로 다 쓴 전지는 반드시 분리수거해야 합니다.

목숨을 빼앗을 만큼 치명적인 중금속의 피해가 없도록 조심하는 게 제일 좋겠습니다. 피고는 수은을 무단으로 버린 사실을 인정하고 반드시 분리수거하도록 해야 합니다. 또 마을 사람들이 병원에서 중금속 오염 검사를 할 수 있도록 검사비를 지불해야 할 것입니다.

수은을 비롯한 중금속이 정말 무서운 물질임을 알 수 있었습니다. 물고기가 떼죽음을 당한 것은 피고가 수은을 함부로 강에 버렸기 때문임을 인정합니다. 피고는 자신의 잘못을 반성하고 호수 정화 작업에 들어가는 경비를 지불하십시오. 또 마을 사람들의 병원 검사비와 치료비 전액을 배상해야 합니다.

재판이 끝난 후 과학공화국 정부는 공장이나 산업체에서 오염된 물을 함부로 강물에 버리지 못하도록 처벌을 더욱 강화했다.

 미나마타병

대표적인 중금속 오염 사건으로는 일본의 미나마타 현에서 발생한 수은중독 사건을 들 수 있다. 합성수지 공장에서 강물에 버린 폐수 속에 포함된 수은이 물고기를 통해 사람 몸에 축적되어 사람들이 수은 중독 병인 미나마타병에 걸려 수천 명이 목숨을 잃었다.

이온화 경향과 도금

금속이 전자를 내놓고 양이온으로 되기 쉬운 정도를 '이온화 경향' 이라고 한다. 또 이온화 경향의 크기에 따라 나열한 원소의 계열을 '이온화 계열' 이라고 하는데, 이 이온화 서열의 앞 줄에 있을수록 이온화 경향이 크며 산화되기 쉬운 금속이다.

수소보다 이온화 경향이 큰 금속을 수소 이온이 들어 있는 수용액에 넣으면 수소가 발생하고, 그 금속은 이온이 되어 수용액에 녹아들어 간다. 이처럼 이온화 경향의 차이를 이용하면, 어떤 금속의 표면에 다른 금속을 입힐 수가 있는데 이것을 '도금' 이라고 한다. 도금은 금속의 표면에 녹이 스는 것을 막거나 금속의 표면을 아름답게 가공하기 위하여 다름 금속을 얇게 덧입히는 것이다.

전기 분해를 이용하여 도금하는 것을 '전기도금' 이라고 한다. 무슨 도금을 하느냐에 따라 사용하는 도금액이 다르다. 구리 도금에는 황산구리, 은 도금에는 질산은이나 은시안화칼륨, 니켈 도금에는 황산니켈을 쓴다. 도금할 금속 이온이 들어 있는 용액을 도금액으로 쓴다.

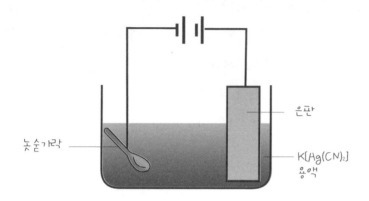

은판

놋숟가락

$K[Ag(CN)_2]$
용액

물과 반응하는 금속

철이나 구리는 중성 수용액인 물에 넣어도 화학 변화가 잘 일어나지 않지만, 금속 중에는 물과 반응하여 변화를 일으키는 것도 있다. 금속 나트륨은 칼로 자를 수 있을 정도로 연한데, 이것을 콩알만 한 크기로 잘라 물에 넣으면 물과 반응하여 '쉭쉭' 하는 소리를 내며 물 위를 떠다닌다. 또 콩알 크기의 나트륨을 알루미늄박으로 싸고 거기에 구멍을 내어 물에 넣으면 거품이 나온다. 이 거품을 시험관에 모아 성냥불을 가까이 가져가면 소리를 내며 탄다.

즉 수소가 발생한 것이다.

금속의 왕을 녹이는 왕수

황산은 산성이 매우 강한 액체지만 금, 백금과 같은 금속은 녹이지 못한다. 그러나 진한 염산과 진한 질산을 섞어서 만든 액체에 넣으면 금과 백금도 녹는다. 이 액체를 '왕수'라고 하는데 왕수는 진한 염산과 진한 질산을 3:1의 비율로 섞어서 만든다.

제3장

신기한 금속의 이용에 관한 사건

금속을 냉각시켜 초전도체로 만들면 마이스너 효과가 일어나서 공중으로 뜰 수 있는 거라고

최초로 선보이는 반중력의 마술쇼입니다

구리와 광전판

구리로 광전판을 만들어도 괜찮을까요?

사건속으로

어느 시골에 우린젊어 동네와 우린늙어 동네가 있
었다. 젊은 사람들만 살고 있는 우린젊어 동네와는
달리 우린늙어 동네에는 나이 지긋한 노인네들이
많이 살고 있었는데, 같은 길목에 있는 두 마을은 바로 옆 동네임에
도 서로 경쟁 관계에 있었다.

"개똥 영감, 그 얘기 들었어?"

"무슨 얘기?"

"글쎄, 우린젊어 동네 있잖아, 이번 여름에 해수욕장 개장하려고
한참 공사 중이라지 뭐야."

"뭐라고? 옆 동네에서 해수욕장에서 게장을 만들어 먹으려고 공사 중이라고?"

"이 할방구, 또 말귀 못 알아먹는구먼. 그게 아니고 해수욕장을 개장하려고 한참 공사 중이라고."

"아…… 해수욕장. 이놈에 할방구, 말을 똑바로 해 줘야지. 그놈들이 또 일을 벌이는구먼. 그럼 우리도 이러고 있을 때가 아니지 않나? 이장 집에 가서 이 사실을 알려서 뭔가 대책을 강구해야겠구먼."

우린젊어 동네에서 여름에 관광객을 유치하기 위해서 해수욕장을 만들고 있다는 소문이 옆 동네인 우린늙어 동네에도 퍼졌고, 이 소문을 들은 동네 사람들은 자신들도 관광객을 끌어 들이기 위해 뭔가 해야겠다는 생각에 이장 집에 모여서 회의를 하였다.

"이놈들이 우리 관광객들을 다 뺏어 가려는 속셈이야. 더는 두고 볼 수가 없어."

"그러게, 이 어린 놈들이 우리가 늙었다고 우습게 보는 게 틀림없어. 여기서 물러서면 우리 동네는 영원히 도태되고 말 거야. 이 늙은이들의 파워를 보여 주자고."

"옳소, 우리도 해안가를 해수욕장으로 만들어서 이번 여름부터 개장하자고. 그러면 저 볼품없는 우린젊어 동네보다 우리 동네에 관광객들이 더 많이 몰릴 거야."

이렇게 해서 우린늙어 동네 사람들도 해안가를 해수욕장으로 만들기로 했고, 다음 날부터 공사를 시작하였다.

그러던 어느 날 우린젊어 동네에서 관광객의 숙박을 위해서 펜션 단지를 조성하고 있다는 소문이 들렸다.

"개똥 영감, 소문 들었는가?"

"무슨 소문?"

"글쎄, 우린젊어 동네에서 펜션 단지를 조성하고 있대."

"뭐 펜션 단지? 꿀단지는 들어봤어도 펜션 단지는 처음 듣는 소린데."

"으이그, 이놈의 영감탱이. 그러니까 대가리에 피도 안 마른 어린것들이 우리를 무시하지. 어서 이장 집에 가서 이 사실을 알려야겠어."

우린젊어 동네에서 펜션 단지를 조성한다는 소문을 들은 우린늙어 동네 사람들은 이장 집에 모여서 또다시 회의를 하기 시작한다.

"이놈들이 해도 해도 너무하는구먼."

"우리도 무슨 수를 쓰지 않으면 관광객들을 전부 뺏기고 말 거야."

"맞아, 이놈들 누가 이기나 한번 해보자고."

관광객을 빼앗길 수 없다고 생각한 우린늙어 동네 사람들은 우린젊어 동네처럼 해수욕장 부근에 대규모 펜션 단지를 조성하기 시작했다.

그러던 어느 날 우린늙어 마을 사람들을 발칵 뒤집어 놓을 소문 하나가 또 들려오기 시작했다.

"개똥 영감, 바다 콘서트가 올해부터는 우린젊어 동네에서 열린대."

"바다 콘서트가 우린 젊어 동네에서 열린다고? 이번에 이쵸리 온다기에 손자 녀석들한테 사인 받아 준다고 엄청 자랑 쳤는데, 이번만큼은 정말 참을 수가 없군."

매년 우린늙어 마을에서 열리던 바다 콘서트가 올해부터는 우린젊어 마을에서 열린다는 소문이 퍼지자 마을 사람들은 이장 집에 모여서 회의를 하기 시작했다.

"바다 콘서트는 우리 동네의 트레이드마크인데, 다른 건 몰라도 그것만큼은 빼앗길 수가 없어."

"그래, 우리 홈페이지에 들어가서 바다 콘서트를 돌려 달라는 글을 올립시다."

다음 날부터 온 동네 사람들은 마을에 유일하게 컴퓨터가 있는 이장 집에 모여서 바다 콘서트를 돌려 달라는 글을 올리기 시작했다.

"이 영감탱이야, 글 좀 빨리 쓰지 못해? 한 시간째 바다 콘서트를 돌려 주세요, 그 말밖에 못 썼잖아. 이래서 언제 다 쓸래?"

"이 할방구가, 눈이 침침해서 잘 안 보이는 걸 어떻게 해? 영감탱이 니가 썼으면 아마 하루 종일 걸렸을 거야. 안 되겠다. 나머지는 우리 내일 다시 모여서 쓰도록 하지."

우린늙어 동네 사람들은 일주일이 지나서야 이 글을 완성할 수 있었다.

"그런데, 이 글을 어떻게 올리지?"

"으이그, 이놈의 영감탱이, 촌스럽기는. 내가 해볼게."

큰소리를 치며 개똥 영감이 무언가를 누르자 그동안 썼던 글이 싹 지워지고 말았다.

"이 놈의 개똥 영감. 인생에 도움이 안 돼. 이게 어떻게 쓴 글인데."

할 수 없이 우린늙어 동네 사람들은 다음 날부터 또 다시 글을 쓰기 시작했고, 또다시 일주일이 지나서야 그 글을 홈페이지에 올릴 수 있었다. 그런 눈물겨운 노력 덕분에 바다 콘서트는 빼앗기지 않고 지켜 낼 수 있었다.

그러던 어느 날 개똥 영감이 난생 처음 이 마을을 벗어나서 아들 집에 다녀오는 일이 있었다. 일주일 정도 아들 집에서 편하게 지낸 후 아들의 차를 타고 우린늙어 동네로 돌아오는 길이었다. 우린늙어 동네와 우린젊어 동네는 같은 길목에서 양쪽으로 갈라지게 되어 있는데, 날이 저물어 어둑어둑해지자 개똥 영감의 아들은 길을 잘못 들어 우린젊어 동네로 가버렸다.

다음 날 우린늙어 동네로 돌아온 개똥 영감은 이 얘기를 박씨 영감에게 해줬다.

"내가 어제 어디 갔다 왔는지 알아?"

"아들네 집에 갔다 왔다면서?"

"그랬지. 근데, 밤에 어두워지니까 길이 헷갈려서 그만 우린젊어 동네로 가버렸지 뭐야."

"아, 그런 일이 있었어? 이 영감탱이 우린젊어 동네에서 살아 돌아온 게 천만다행이구먼."

"그런데, 거기 가니까 우린늙어 동네를 가려고 왔는데, 길을 잘못 들어서 우린젊어 동네로 간 사람이 꽤 많지 뭐야? 어둠 때문에 우리 관광객 다 잃겠어."

"뭐? 이거 큰일인데. 안 되겠다. 뭔가 방법을 찾아봐야겠어."

그날 밤 이장 집에 동네 사람들이 모였고, 우린 늙어 동네를 찾는 사람들이 밤에도 쉽게 길을 찾을 수 있도록 광전판을 설치하기로 했다.

"그런데, 우리 동네에는 광전판을 만들 만한 기술을 가진 사람이 없잖소?"

"그러게, 껄끄럽지만 어쩔 수 없이 우린젊어 동네에서 업자를 데려와야겠구먼."

다음 날 우린늙어 동네 사람들은 내키진 않았지만 우린젊어 동네에서 업자를 불렀다.

"우리가 광전판을 만들려고 하는데, 광전판으로 어떤 금속을 사용해야 할까?"

"당연히 구리를 사용해야죠."

"구리? 자네 우리가 늙었다고 사기 치면 저 바다에 빠뜨릴 거야."

"그럼요, 저만 믿으세요."

그렇게 업자의 말만 믿고 구리로 광전판을 만들어 공사를 시작했고, 며칠이 지나 광전판은 곧 완성되었다.

들뜬 마음에 광전판을 구경하러 온 마을 사람들이 모였지만, 광전판에 불이 들어올 기미가 전혀 보이지 않았다.

"이거 어떻게 된 거야, 불이 들어오질 않잖아."

"우린젊어 동네 인간을 믿는 게 아니었어."

"구리로 광전판을 만들면 된다더니, 속았어. 이놈의 족속들을 절대 용서할 수 없어."

"우리 이놈을 화학법정에 고소합시다."

광전 효과는 일함수가 작은 알칼리 금속들이 잘 일으킵니다.
알칼리 금속이 아닌 구리로는 광전판을 만들어도
빛이 나지 않습니다.

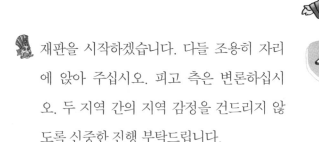

구리를 광전판으로 사용할 수 있을까요?
화학법정에서 알아봅시다.

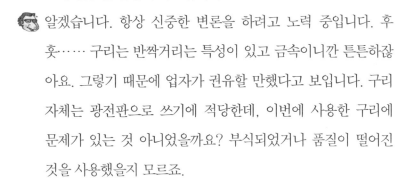

재판을 시작하겠습니다. 다들 조용히 자리에 앉아 주십시오. 피고 측은 변론하십시오. 두 지역 간의 지역 감정을 건드리지 않도록 신중한 진행 부탁드립니다.

알겠습니다. 항상 신중한 변론을 하려고 노력 중입니다. 후훗…… 구리는 반짝거리는 특성이 있고 금속이니깐 튼튼하잖아요. 그렇기 때문에 업자가 권유할 만했다고 보입니다. 구리 자체는 광전판으로 쓰기에 적당한데, 이번에 사용한 구리에 문제가 있는 것 아니었을까요? 부식되었거나 품질이 떨어진 것을 사용했을지 모르죠.

그럼 구리의 보관 상태가 좋다면 광전판의 역할을 잘할 수 있다는 말이겠군요.

네, 그렇습니다. 구리에서 환한 빛이 날 겁니다.

장담을 하는군요. 원고 측 주장을 들어 보면 더 확실해지겠군요. 원고 측 변론하세요.

구리의 상태가 좋았어도 광전판 역할을 제대로 하지는 못했을 겁니다. 광전판이란 간단히 말해서 광전 효과 실험에 쓰이는,

빛이 나오는 판을 말하는데요. 구리에서 빛이 나올 수 있을까
요? 구리가 광전판으로 사용하기에 적당한지 광전 효과 실험
실에서 10년 동안 광전판을 연구하고 있는 나광학 박사님을
증인으로 모셔서 말씀 들어 보도록 하겠습니다.

증인은 40대 중반의 남자로 실험실에서만 한동안 지낸 듯
헬쑥한 얼굴이었다. 연구에 매진하여 고뇌하는 표정이 사뭇
진지했다.

박사님은 광전 효과 에 대해 오랫동안 연구하신 걸로 알고 있
는데요. 광전 효과 가 무엇인지, 광전판으로는 어떤 금속이 적
당한지 설명해 주십시오.

광전 효과 는 물질이 빛을 흡수하여 전자를 방출하는 현상입
니다. 금속에 빛이 들어갈 때 전자가 튀어나올 수 있는 최소한
의 에너지를 일함수라고 합니다. 즉 일함수는 전자가 튀어나
가지 못하도록 방해하는 값이라고 생각하면 됩니다.

그럼 일함수 이상의 에너지를 가진 빛만이 광전 효과 를 일으
키겠군요.

물론입니다. 그러므로 광전 효과 는 에너지가 강한 빛인 보랏
빛이나 자외선을 쪼였을 때 잘 일어납니다.

그럼 어떤 금속이 광전 효과 를 잘 일으키죠?

리튬, 나트륨, 칼륨과 같은 알칼리 금속들입니다.

그 이유는 뭐죠?

알칼리 금속들은 일함수가 작기 때문에 적은 에너지를 가진 빛으로도 광전 효과 를 일으키기 때문입니다.

구리는 알칼리 금속이 아니지 않습니까?

그렇죠. 앞에서 말한 것처럼 리튬, 나트륨, 칼륨이 알칼리 금속이고 구리는 알칼리 금속에 속하지 않습니다. 그러므로 구리로 광전판을 만들면 당연히 빛이 나지 않는 겁니다.

우린젊어 동네 주민인 피고가 우린늙어 동네를 경계하여 광전판이 실패하기를 바라는 마음으로 일부러 구리를 추천했을 가능성도 있다고 보이는군요. 피고는 이에 대한 책임을 지고 당장 알칼리 금속으로 광전판을 다시 제작해 주어야 할 것입니다.

원고 측 주장이 옳다고 판단됩니다. 업자는 이번 사건에 책임을 져야 할 것입니다. 여름 관광객이 몰려오기 전에 광전판을 완성해야 할 것입니다. 업자의 행동에 나쁜 의도가 있었는지는 확신할 수 없으며 굳이 그것을 밝히기보다는, 앞으로 두 마

 광자

광자는 빛을 이루는 작은 알갱이를 말합니다. 광자의 에너지는 빛의 진동수에 따라 다른데 진동수가 클수록 광자의 에너지가 큽니다. 1905년 아인슈타인은 빛을 이루는 광자들이 금속 안의 전자를 퉁겨 내기 때문에 광전 효과 가 일어난다는 사실을 알아냈습니다.

을의 화합과 조화를 위해 서로 조금씩 양보하고 보듬어 주는 마음을 길러 두 마을 모두 발전하는 지역으로 거듭나기를 바라는 바입니다.

백금으로 금을 만들 수 있다고요?

어떻게 백금으로 금을 만들 수 있을까요?

신나고에 다니는 김범생은 한 번도 일등을 놓쳐 본 적이 없다. 밥을 먹을 때도, 콩나물시루가 된 버스를 탔을 때도, 화장실에서 볼일을 볼 때도 절대로 손에서 책을 놓는 법이 없었다. 한편 김범생의 둘도 없는 단짝 김영점은 항상 꼴등을 놓치는 법이 없었는데……

"이번 모의고사 전교 일등은 역시나 우리의 기대주 김범생이다. 모두들 박수. 김영점 이 녀석 넌 이번에도 전교 꼴등이야. 얼굴이 안 되면 공부라도 잘해야 할 거 아니냐? 도대체 커서 뭐가 될래? 끝나면 교무실로 따라와!"

"아 담탱이, 입에 모터를 달았나 진짜 말 많네. 나 교무실 갔다 올 테니까 우리의 기대주는 책이나 읽고 있으셔."

"그래, 무조건 잘못했다고 싹싹 빌어. 그래야 한 대라도 덜 맞지."

"범생아, 나 이 문제 잘 모르겠는데 좀 가르쳐 줄래?"

"그래, 이건 이렇게 해서 이렇게 하고 저렇게 해서 저렇게 하면 되는 거야. 어때 이제 알겠어?"

"이야…… 범생이 니가 설명해 주니까 정말 쉽게 풀리는걸. 범생이 니 입은 마이더스의 입인 것 같아. 정말 부럽다."

김범생은 그렇게 늘 선생님의 인정을 받았고, 모든 친구들에게는 부러움의 대상이었다. 하지만 그런 김범생에게도 한 가지 고민거리가 있었는데, 옆 반 친구 뽀샤시 양을 좋아했던 것이다. 하지만 공부 말고는 달리 잘하는 게 없던 김범생을 뽀샤시 양은 거들떠보지도 않았고, 범생은 혼자 가슴앓이를 해야 했다. 그러던 어느 날 김범생의 반에 한 친구가 전학을 오게 되었다.

"안녕, 내 이름은 다잘해야. 너희들과 같은 반이 돼서 영광이고 앞으로 친하게 지냈으면 좋겠어."

"모두들 다잘해랑 친하게 지내도록. 혹시 처음이라고 왕따 하는 친구가 있다면 벌로 똥침 백 대를 놓을 테니 알아서 하도록."

다잘해는 공부도 잘했지만, 노래면 노래, 춤이면 춤, 운동이면 운동 못하는 게 없을 정도였다. 활발하고 붙임성 있는 성격 덕분에 금방 반 친구들과도 친해졌으며, 잘생기고 키가 커서 여자애들한테도 인기가 좋았다. 다잘해의 인기는 나날이 높아져만 갔고, 그러던 어느 날 다잘해와 뽀샤시 양이 사귄다는 소문이 돌았다.

"김범생, 너 그 소문 들었어?"

"무슨 소문?"

"역시. 넌 스피드하지 못해. 다잘해랑 뽀샤시랑 사귄대."

"뭐?"

그 얘기를 들은 김범생은 마치 벼락을 맞은 듯한 기분이었다.

'몇 년 동안 짝사랑하면서 말 한 번 붙여 보지 못했는데, 절대 용서 못해.'

그러던 중 모의고사 시험 결과가 나왔다.

"이번 모의고사 전교 일등은 우리 반…… 다잘해가 했다. 다잘해 축하한다. 이 녀석 만날 놀러만 다니는 줄 알았더니, 공부도 잘하고. 꼭 예전의 나를 보는 거 같구만."

당연히 자신이 일등일 거라고 믿었던 김범생은 심한 충격과 열등감에 휩싸였다.

'내 여자를 빼앗아가더니, 이젠 일등까지 빼앗아가? 도저히 참을 수 없어.'

다음날부터 김범생은 집에서 밤을 새가며 공부에 대한 열의를 다졌다.

"얘, 범생아 아직도 안 자고 뭐 하니?"

"엄마 먼저 주무세요. 전 공부 좀 더 하다가 잘게요."

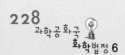

"어머, 이거 코피 아니냐? 이러다가 몸 축나겠다. 쉬엄쉬엄 하거라, 응?"

"알겠어요. 조금만 더 하다가 잘 테니까 걱정 마세요."

그렇게 밤샘을 하면서 공부를 하다 보니 학교에 오면 늘 피곤했고, 김범생은 예전과는 달리 쉬는 시간이면 늘 엎드려서 잠을 보충했다. 그런 김범생을 보며 학생들은 이상하다고 생각했고, 무슨 일이 있는 게 아니냐고 물었다.

"야 김범생, 너 요즘 좀 이상하다? 일등 한 번 놓쳤다고 공부 아예 포기한 거냐?"

"포기는 무슨, 그냥 이제부턴 쉬엄쉬엄 하려고."

"웬일이야? 김범생. 갑자기 사람이 변하면 죽는다던데. 범생아, 안 돼, 정신 차려. 나 같은 꼴등도 잘살잖아. 내일 모의고사 치는데 준비는 많이 했냐? 이번에는 일위 탈환해야지."

"아니. 준비 많이 못했어. 난 일등 같은데 욕심 없어. 그냥 하는 거지."

"이야…… 김범생 많이 변했다."

그렇게 김범생은 예전과는 달리 남의 눈을 의식하기 시작했고, 다잘해에 대한 열등감으로 괴로워하면서 학창 시절을 보내게 되었다. 어느덧 시간이 흘러 김범생은 고등학교를 거쳐 대학교를 졸업하게 되었고, 모두들 부러워하는 최고의 대기업에 들어갔다. 김범생은 대기업에서도 인정받는 남부러울 것 없는 실력자가 되었다.

남들은 몇십 년을 기다려야 승진할 수 있는 자리를 단 몇 년 만에 고속 승진을 하는 등 승승장구였다.

그러던 어느 날 김범생은 우연히 길을 가다가 고등학교 동창 김영점을 만났다.

"김범생, 니 소문 들었어. 잘 지내고 있는 거야? 이제 잘나간다고 나한텐 연락도 없고 너무한데 이거."

"그럴 리가 있냐? 너한테 연락해야지 해야지 했는데, 니가 너무 바쁠 것 같아서 참고 있었지. 하하."

"이 자식 농담도 늘었는데, 참 다잘해 얘기는 들었냐?"

"다잘해? 아니, 안 본 지 오래돼서 어떻게 사는지도 잘 몰라."

"글쎄, 다잘해 그녀석 이번에도 뭔가 건수 하나 잡은 거 같더라고."

"어떤 건수?"

"요즘 백금으로 금을 만드는 연금술이 다시 유행하고 있잖아. 걔가 거기에 손을 대고 있나 봐. 근데 그게 앞으로 전망이 무지 좋은가 봐. 그래서 다니고 있던 그 좋은 회사도 다 때려치우고 연금술 연구소에 들어가서 지금 거기에만 매달려 있나 봐. 연구는 거의 다 끝나가고 이제 국가에서 설립 허가만 받으면 된대. 솔직히 걔가 하던 거치고 안 되던 일 있었냐? 너도 그쪽 분야니까 한번 해보지 그러냐? 회사 다녀 봤자 만날 거기서 거기 아니냐? 힘들게 다닐 필요 뭐 있어. 인생 쉽게쉽게 살면 되는 거지."

이 얘기를 들은 김범생은 잊어버리고 있던 다잘해에 대한 열등감에 또다시 휩싸였고, 다잘해에 대한 승부욕이 꿈틀거리며 살아났다.

'내 인생의 걸림돌 다잘해, 이번에야말로 내가 너를 꺾어 주마.'

이런 생각이 든 김범생은 부모님이 만류했지만, 잘 다니던 회사를 하루아침에 때려치우고 연금술 연구소에 들어갔다.

"김범생 씨, 한 달만 있으면 설립 허가를 받을 예정이니, 그동안 열심히 연구합시다. 잘 부탁하오."

"네, 열심히 해보겠습니다."

그렇게 연금술 연구소에 들어간 김범생은 다잘해가 속해 있는 연구소보다 먼저 연금술의 비밀을 밝히기 위해 혈안이 되어 있었고, 누구보다 열심히 연구에 전념했다. 그러던 어느 날 김범생은 저녁을 먹으며 텔레비전을 보고 있었다.

"다음 뉴스입니다. 요즘 우리나라에선 연금술 연구가 한창 붐을 이뤄, 개나 소나 연금술을 하겠다고 달려드는 판국인데요, 나라에서는 차라리 돼지가 소를 낳는 연구를 해 보라며 연금술 연구소의 설립 허가를 거부했습니다."

"이러한 국가의 방침에 대해서 연금술사들은 연금술은 가능한 일이라면서 이는 연구의 자유를 박탈하는 행위라며 국가를 화학법정에 고소하기로 했다고 합니다."

백금으로 금을 만들 수 있을까요?
화학법정에서 알아봅시다.

🎩 자…… 조용조용…… 재판을 시작하겠습니다. 피고 측 변론하세요.

😐 연금술이라니 지금이 중세 시대도 아니고 말이나 될 법합니까? 그렇게만 된다면 저도 당장 변호사 그만두고 연금술사가 되겠습니다. 불가능한 연금술을 연구하게 해 달라는 연금술 연구소는 무슨 의도로 연구하도록 해 달라는지 모르겠군요. 국가에서 연금술을 금지한 것은 연금술에 대한 거짓된 소문으로 사람들을 현혹시켜 문제가 발생될 걸 걱정해서 내린 결정으로 아주 좋은 조치라고 생각합니다.

🎩 연금술에 대한 사람들의 욕망이 문제를 일으킬 수 있긴 하죠. 피고 측은 연금술이 불가능하다고 판단하고 여러 문제가 발생하기 전에 미리 조심하도록 연금술을 금지한 국가 정책이 옳다고 본다는 말씀이군요. 이에 대해 원고 측 변론해야겠군요.

😃 금 외의 물질들은 종종 만들어지고 있는데 연금술이 가능한지에 대해선 의견이 분분하지요. 연금술이 전혀 불가능할까요? 피고 측의 주장은 연금술 자체가 불가능하다고 보고 있는데 연금술은 가능합니다. 연금술에 대한 역사와 원리에 대한

설명을 해 주실 연금술 연구소장 이백금 씨께서 나와 주셨습니다.

검은 정장을 차려입은 40대 초반의 소장은 연금술 연구를 금지한 국가의 정책에 충격을 받아 많이 침울한 표정으로 증인석에 앉았다.

연금술이란 무엇이며 가능한 일입니까?

연금술은 중세부터 시작되었으며 값싼 철, 구리, 아연 등의 금속을 귀금속, 특히 금으로 변환하는 데 목적이 있습니다. 연금술의 기본 원리는 아리스토텔레스의 '4원소설'인데 모든 물질은 물, 공기, 불, 흙의 4원소로 되어 있다는 생각이지요.

그게 왜 연금술과 관계 있죠?

'4원소' 설에 따르면 금은 물, 공기, 불, 흙의 구성비가 가장 완벽합니다. 그러므로 이 비율을 알면 다른 금속으로 금을 만들 수 있다는 이론이 바로 연금술입니다.

하지만 그 방식은 실패로 끝났다고 알려져 있는데요.

물론입니다. 하지만 현대의 과학자들은 원자를 바꿀 수 있는 기술을 개발했습니다. 방사선을 이용하면 되지요. 즉 금속 원자에 방사선을 쏘아 다른 원자로 바꾸는 방법을 이용해 백금을 금으로 바꾸는 데 성공하였습니다.

 그렇다면 연금술이 가능한 거군요?

 그렇지만 문제가 하나 있습니다. 방사선으로 원자를 맞추기는 매우 어렵고 무엇보다 백금이 금보다 더 비싸다는 게 문제입니다.

 그렇군요. 그렇다면 연금술이 상업화되기 힘들 수 있겠습니다.

 그렇지만 연금술을 연구하는 그 자체를 금지하는 것은 결코 좋은 결정은 아닙니다. 상업적 가치가 없다고 해서, 또 연금술에 대한 사람들의 욕망이 커져서 문제가 발생할 것이라고 우려해서 연구조차 하지 못하도록 하는 것은 앞으로 있을 연금술의 발전 가능성을 가로막는 일입니다.

 증인의 말씀에 일리가 있습니다. 연금술은 분명 가능한 일입니다. 연금술이 현재 큰 도움을 주지 못한다고 해서 연구조차 금지하는 것은 문제가 있습니다. 연금술 연구소의 연구를 허용해야 할 것입니다.

 국가에서 연금술을 금지한 의도는 이해할 수 있지만, 연금술을 금지했을 때 연금술 발전에도 문제가 생길 것이란 말도 옳

 백금

백금은 처음에 은과 구별이 되지 않아 은을 뜻하는 스페인어인 '플라타(plata)'에서 따와 '플래티나(platina)'라 불렀습니다. 백금은 단독으로 또는 다른 원소와의 합금 상태로 발견됩니다. 러시아에서 유리 상태나 다른 동족 원소와의 합금으로 산출되며, 그 밖에 남아프리카, 콜롬비아, 캐나다 등에서 많이 생산됩니다.

은 듯합니다. 연금술 연구는 연금술 연구소의 연구원들에게만 허용하되 그 외의 상업적인 목적으로 연금술을 연구하여 문제가 생긴다면 엄중히 책임을 물어야 할 것입니다. 연금술이 성공하더라도 이를 상업적으로 이용했을 때는 제약이 따를 것이며 국가적인 차원에서 활용하도록 해야 할 것입니다.

초전도 금속의 마술

반중력이 존재할까요?

사건속으로

"자 그럼 다들 짝지 정해졌으니까, 친하게 지내도록. 혹시 여자라고 해서 괴롭히는 사람 있으면 선생님의 몽둥이가 용서하지 않겠다고 하니 다들 조심하도록. 잘 알겠지?"

"네……."

제비초등학교 3학년 3반의 새 학기는 그렇게 시작되었다.

"저기…… 안녕? 내 이름은 김코난이야."

선생님이 나가자 코난은 옆에 앉아 있는 짝지에게 인사를 건넸다.

"내 이름은 김예뻐야."

자기소개를 하던 예뻐는 갑자기 책상에 있던 연필을 집어 들고는 책상의 3분의 2 정도 되는 지점에다가 줄을 쫙 그었다.

"여기가 국경선이야. 앞으로 내 자리에 침범하면 바로 전쟁이니까 그렇게 알아."

"내 자리가 더 좁은 거 같은데?"

"남자가 왜 그렇게 말이 많니? 나랑 계속 짝지 하고 싶으면 내 말에 토 달지 마. 알겠니?"

원래 수줍음이 많아서 여자 얼굴만 봐도 얼굴이 빨개지는 김코난은 강하게 나오는 김예뻐의 행동에 아무 말도 못했다. 사실 초등학생이 된 후 한 번도 여자와 짝지를 해 본 적이 없던 김코난은 처음으로 여자와 짝지가 됐다는 사실에 만족하고 있었다. 게다가 짝지가 반에서 제일 예쁜 김예뻐라는 사실에 더욱 기분이 좋았다. 김예뻐는 얼굴이 예쁜 데다가 공부까지 잘해서 남자들에게 인기가 많았지만, 늘 도도해서 남자들에겐 눈길 한 번 주지 않았다. 그런 김예뻐를 김코난은 점점 좋아하게 되었지만, 자기 맘을 어떻게 표현해야 할 지 알 수가 없었다.

"딩동…… 딩동……."

"누구세요?"

"아바마마 오셨다."

"암호를 대시라."

"알라리 알라 삐약 삐약…… 열려라 참깨."

"아빠, 며칠 만에 집에 들어오는 거야? 내가 얼마나 기다렸는지 알아요?"

"우리 아들, 아빠 많이 보고 싶었어? 과학 연구가 밀려 있다 보니 어쩔 수가 없었어. 미안해요 아들……."

"아빠! 사실 나 아빠한테 상담 받고 싶은 게 있어."

"상담? 뭔데?"

"그게…… 있잖아."

"어디 뜸 들이는 거 보니, 요 녀석 좋아하는 여자 친구라도 생긴 거야?"

"응. 근데 어떻게 해야 할지 잘 모르겠어. 아빠는 옛날에 엄마를 어떻게 꼬인 거야?"

"그런 거라면 아빠한테 진작 물어 봤어야지. 킹카 만들기 대작전 챕터 원! 선물 빠밤빠…… 선물은 여자의 마음을 사로잡지."

"선물? 어떤 선물?"

"아들아 넌 어려서 아직 잘 모르겠지만, 여자는 보석에 약해. 아빠는 엄마한테 프러포즈할 때, 근사한 레스토랑에서 반지를 아이스크림 속에 숨겨 뒀지. 그때 엄마가 나한테 완전 뿅 갔잖냐. 어때? 할 수 있겠어?"

"반지를 아이스크림 속에? 좋아 아빠. 내가 내일 한번 시도해 볼게."

아빠에게 여자의 맘을 사로잡는 법을 전수받은 김코난은 다음 날 학교 가는 길에 문방구에 들렀다.

"아줌마, 여기서 제일 비싼 반지 주세요."

"제일 비싼 반지? 하하…… 여기 있는 거 전부 천 원이니까 학생 맘에 드는 걸로 골라."

그렇게 반지를 산 김코난은 즐거운 마음에 얼른 학교로 갔다. 그러고는 아빠의 말대로 아이스크림 속에 반지를 넣고 김예뻐에게 다가갔다.

"예뻐야? 아이스크림 먹을래?"

"내가 아이스크림 좋아하는지 어떻게 알았어? 고마워 잘 먹을게."

김예뻐는 아이스크림을 한참 먹었지만, 아무런 반응이 없었고, 어느새 아이스크림을 다 먹어 치웠다.

"예뻐야, 너 아이스크림 다 먹은 거야? 혹시 뭐 이상한 거 없었어?"

"뭐? 아무것도 없는데."

"그럴 리가 없어. 내가 분명히 이 안에 반지 넣어 뒀는데."

"뭐야? 뭔가 굵직한 게 목에 걸리긴 했는데, 반지일 거라곤 생각도 못했어. 너 나 죽이려고 환장했지. 나 살고 싶단 말이야 앙앙앙……."

김코난이 선물한 반지는 다음 날 김예뻐의 응가를 통해서 다시 세상으로 나왔고, 결국 반지 프러포즈 계획은 실패로 끝났다. 이 사건으로 화가 난 김예뻐는 김코난에게 더욱더 쌀쌀해졌고, 심지어

말도 걸지 않았다. 그러던 어느 날 학교에서 마술 콘테스트가 열린다는 공고문이 붙었다.

"예뻐야…… 너 마술 콘테스트 열린다는 소리 들었지?"

"응…… 마술이라. 너무 멋있지 않니?"

"그러게, 거기다가 상 받으면 마수리 마술사 콘서트도 볼 수 있대."

"어머 정말? 누가 될지 몰라도 정말 행복하겠다. 내 이상형이 마수리 씨잖아. 신비한 마술을 부릴 줄 아는 사람과 살면 정말 행복할 거 같아. 그렇지 않니?"

이 말을 들은 김코난은 이번 기회에 마술 콘테스트에 나가 화가 난 김예뻐의 마음을 풀어 줘야겠다고 생각했다.

'예뻐가 마술을 좋아한단 말이지? 우승하고 나서 김예뻐와 함께 마수리 콘서트에 가면 저번 일은 아마 용서해 줄 거야.'

이런 생각이 든 김코난은 다음 날부터 집에 가서 열심히 마술 연습을 했다.

"아빠, 카드 하나 뽑으시고, 아무도 보여 주지 말고 혼자만 보세요."

"자 뽑았어."

"그럼 다시 섞겠습니다. 자자자자…… 섞었습니다. 짠짠짠……
아빠가 고른 카드는 스페이드 7."

"아닌데, 아빠가 고른 건 스페이드 4인데. 엉터리 마술사잖아."

"아, 마술의 길은 험난한 것 같아."

"니가 좋아하는 여학생이 마술을 좋아한다고? 그런 비과학적인 사기 같은 쇼를 좋아하는 아이는 내 며느리 감으론 별론데."

"내가 좋다는데 뭐……."

"어이쿠, 우리 아들 잘나셨네요."

김코난은 며칠 동안 밤낮으로 마술에만 매달렸고, 드디어 마술 콘테스트가 열리는 날이 왔다. 김코난은 전교생 앞에서 난생처음 마술쇼를 하다 보니 떨렸지만, 김예뻐가 보고 있다는 생각에 최선을 다해서 마술을 했다.

"예뻐야…… 코난 쟤 니 짝지 아니야? 이름이랑은 안 어울리게 마술 잘한다 그치?"

"그러게, 나도 오늘 새로 봤는걸."

시간이 지나 모든 마술쇼가 끝나고 시상식만 남은 상황이었다.

"네, 일등 발표만 남았는데요. 저도 떨립니다. 오늘의 일등은 바로 김코난 어린이입니다. 모두들 뜨거운 박수 부탁드립니다."

그렇게 코난은 콘테스트에서 일등을 했고, 김예뻐와 그리고 마술 따윈 보고 싶지 않다고 우기는 아빠까지 억지로 데리고 마수리의 마술 콘서트를 보러 갔다.

"네, 이번에는 국내에서 최초로 선보이는 마술을 보여 드리겠습니다. 모두들 여기서 벌어지는 상황을 똑똑히 보시기 바랍니다."

그러고는 탁자 위에 있던 금속을 손짓만 해서는 공중으로 끌어올리기 시작했다.

"여러분, 여러분의 눈을 의심하지 마세요. 이건 최초로 선보이는 반중력의 마술입니다."

　관중석에 앉아 있던 사람들은 모두들 놀라운 표정을 지으며 박수를 치기 시작했다. 그때 김코난의 아빠가 벌떡 일어서서는 이건 말도 안 되는 일이라며 소리를 질렀다.

　"세상에 반중력이란 존재할 수 없다고요. 마술사는 지금 거짓말을 하고 있는 겁니다."

　그러고는 마술사를 화학법정에 고소했다.

중력이 지구의 중심에서 끌어당기는 힘이라면,
반중력은 반대로 지구의 중심에서 밀어내는 힘을 말한다.
그러나 반중력이란 사실 일어날 수 없는 현상이다. '반중력' 이란 말은
잘못된 표현이다. 그 대신 초전도체를 이용하면 지구의 중심이
밀어내는 것 같은 현상이 나타나는데, 이를 마이스너 효과라고 한다.

반중력이 정말 존재할까요?
화학법정에서 알아봅시다.

이번에 선보인 마술은 아무래도 과학적 원리를 이용한 마술인 것 같은데요. 마술의 신비주의 입장에서가 아니라 과학적으로 변론하는 게 좋겠습니다. 피고 측 변론하십시오.

이야…… 마술이라니 벌써부터 들뜨는걸요…….

화치 변호사, 이곳은 마술을 보이기 위한 자리가 아닙니다. 마술이란 눈속임이라고 하지 않습니까? 과학적 원리를 이용한 마술이 얼마나 많은데요. 이번 마술도 과학적 원리를 이용한 가능성이 많아 보이는군요.

그래도 마술을 눈앞에서 보면 정말 믿게 된다니깐요. 판사님도 마술 좋아하실 것 같은데…… 히히.

마술 이야기는 재판 끝나고 하고, 어서 변론이나 하시죠.

아, 네…… 제가 또 들떠서 재판이 시작됐는지도 모르고 정신 없이 떠들고 있었군요. 변론을 시작하겠습니다.

마술사는 최초로 반중력 마술을 시도했습니다. 반중력이란 지구가 잡아당기는 힘인 중력과 반대로 밀어내는 힘이지요. 반중력을 이용하면 물체는 충분히 공중 부양을 할 수 있습니다.

히히 제가 과학 공부를 좀 했습니다. 판사님도 우주에서 있을 때처럼 붕붕 날아다닐 수 있는걸요.

음, 지구가 밀어내는 힘이라…… 반중력이 존재한단 말씀이 군요. 이번엔 원고 측 변론을 들어봅시다.

마술사가 금속을 공중으로 끌어올리면서 반중력을 이용한 공중 부양이라고 말한 것은 거짓입니다. 반중력이 존재한다고 요? 절대 존재하지 않습니다. 반중력이 정말 존재하는지와 금속이 어떻게 공중에 뜰 수 있었는지 설명해 줄 증인을 요청합니다. 증인으로는 초전도체 개발연구소의 소장님이신 전자기 님이 자리하고 계십니다.

증인 요청을 받아들이겠습니다.

머리 위에 금속이 올려져 있는 40대의 중년 남성이 등장 했다.

먼저 반중력이 무엇이며 정말 존재하는지 말씀해 주십시오.

중력은 만유인력의 일종으로 지구가 잡아당기는 힘을 말하지요. 그러므로 반중력은 물체를 밀어내는 힘을 말하겠지요. 반중력이 존재한다면 중력이 모든 물체를 잡아당기는 것처럼 반중력도 모든 물체를 공중으로 끌어올릴 수 있겠지만 그런 일은 불가능합니다.

 그럼 왜 마술사의 마술에서는 공중 부양이 된 거죠?

 금속을 이용했기 때문입니다.

 금속은 가능하다고요? 반중력이 존재하지 않는다면 금속이 공중으로 올라갈 수 있는 이유는 무엇입니까?

 금속을 냉각시켜 초전도체로 만들면 됩니다.

 초전도체가 뭐죠?

 초전도체란 아주 낮은 온도에서 전기의 흐름을 방해하는 저항이 갑자기 없어져 전류가 아무런 장애 없이 흐르는 현상이라 할 수 있는데요. 금속이 이렇게 차가운 온도에서 초전도체가 되면 완벽한 반자성체가 되어 자석에 달라붙지 않고 자석을 밀어내기 때문에 자석 위에서 떠오르는 자기 부상 현상이 나타나지요. 이것을 '마이스너 효과' 라 부릅니다. 예를 들어 스티로폼을 입으로 불어 올릴 때 바람이 스티로폼을 통과하지 못하기 때문에 공중에 뜨는 현상과 같다고 생각하면 됩니다.

 초전도체라는 말이 조금 생소하게 들리는데요. 초전도체는 어디에 사용되나요?

 초전도 자석은 MRI라고 하는 핵자기 공명 장치, 입자 가속기, 에너지 저장 장치, 자기 부상 열차 등에 사용되며, 전선을 초전도체로 만들면 열로 손실되는 에너지를 막을 수 있어 손실 없이 전기를 먼 곳까지 보낼 수 있습니다. 그러나 초전도 현상은 매우 낮은 온도에서만 일어나 냉각하는 데 비용이 많이 들

어, 실생활에서 쓰이는 일은 별로 없습니다. 그래서 여러 나라들이 높은 온도에서 초전도 현상을 띠는 물질을 찾기 위해 열띤 경쟁을 벌이고 있죠.

초전도체의 마이스너 효과 덕분에 금속이 공중으로 뜬 거였군요. 고온 초전도체가 하루 빨리 개발돼서 편리하게 쓰일 수 있었으면 합니다. 반중력이란 존재하지 않으며 마이스너 효과에 의해 공중 부양이 가능하다는 것을 확인했습니다. 이 시간부터 마술사는 반중력이란 말을 사용하지 말도록 요구하는 바입니다.

마술사는 반중력이란 용어를 앞으로 사용하지 마세요. 그리고 필요하면 마이스너 효과라고 표현하도록 하세요.

재판 후 국립과학연구기관에서는 금속의 공중 부양은 '마이스너 효과' 덕분이라는 사실을 상세히 화학 잡지에 실어 홍보하기 시작했다.

마이스너 효과

오스트리아의 마이스너(meissner)는 안테나 설계와 무선 전신의 발전에 이바지했습니다. 마이스너는 빈 공과대학에서 공부했으며, 1907년 베를린 무선전신회사에 들어가 무선 통신 문제를 연구하여 새로운 진공관 회로와 증폭 장치를 발명하고, 1913년에는 처음으로 3극 진공관을 이용해 높은 주파수의 무선신호를 증폭하는 데 성공했습니다.

나만의 마우스

정말로 물렁물렁한 금속이 있을까요?

빌 게이쳐 씨는 오늘도 집안에서 한 발자국도 나가지 않은 채 컴퓨터 앞에 앉아 있다. 며칠째 머리를 감지 않아 떡 진 머리에다, 한 달동안 샤워도 하지 않아 온몸이 간지러운데도 전혀 개의치 않고 컴퓨터 앞에 앉아 뭔가를 연구하고 있었다.

"빌 게이쳐, 밥 먹어."

"아, 막 영감이 떠오르려고 했는데, 엄마가 말 시키는 바람에 다 날아갔잖아요. 에잇, 밥이나 먹고 해야겠다."

"너 도대체 언제까지 이렇게 빈둥거리면서 살 거냐? 형이랑 형수

보기 부끄럽지도 않아?"

"부끄럽긴, 나 같은 미래의 훌륭한 프로그래머랑 한집에 살고 있는 걸 자랑스럽게 여기는 날이 곧 올걸요. 내가 누구요? 빌 게이츠 동생 빌 게이처 아니요? 두고 봐…… 미국에 빌 게이츠가 있다면, 우리나라엔 빌 게이처가 있으니. 꼭 성공하고 말 거라고요."

"뭐? 빌 게이츠? 그 미국 놈은 또 누구야? 새로 사귄 친구야? 또 양아치 같은 애들이랑 몰려다니기만 해 봐. 그땐 다리몽둥이를 부러뜨려 놓고 말 테니."

"참 엄마도, 빌 게이츠 몰라? 애들도 다 아는 빌 게이츠를? 아마 빌 게이츠 모르는 사람 우리나라에 엄마밖에 없을걸요."

"뭐? 빌 게이츠, 그놈이 그렇게 유명하냐? 넌 빌 게이츠가 누군지 알아?"

"아, 할머니도. 빌 게이츠도 몰라? 창문 만든 사람 있잖아."

"창문 만든 사람? 아이쿠, 우리 손자 똑똑하기도 하지. 아이고 예뻐라."

빌 게이처 씨는 밥을 먹자마자 다시 방 안으로 직행해서 컴퓨터 앞에 앉았고, 그때 조카가 빌 게이처 씨에게로 다가왔다.

"삼촌, 뭐 해?"

"삼촌 지금 위대한 업적 구상 중이니까 귀찮게 하지 마라."

"그래? 근데, 삼촌 머리 안 감았어? 엄마가 머리 안 감으면 머리에 개기름 생긴다고 했는데, 지금 삼촌 머리가 그래."

"조카야, 이게 기름으로 보이니? 이건 기름이 아니라 윤기야. 이 건 곧 삼촌 머리에서 위대한 업적이 구상되고 있다는 증거라고 볼 수 있지. 알겠냐?"

"에잇, 엉터리. 삼촌 오늘 유치원에서 찰흙놀이 배웠는데, 보여 줄까?"

"그래 그래."

빌 게이처 씨는 조카의 말에 건성으로 대답하고는 조카가 옆에서 찰흙을 가지고 무언가를 만들고 있는데도 아랑곳하지 않고 컴퓨터 에 몰두하기 시작했다. 조카는 그런 줄도 모르고 혼자서 중얼거리 면서 뭔가를 만들고 있었다.

"삼촌, 이것 봐. 내가 생쥐 만들었어. 내가 만든 것 중에 최고로 잘 만든 건데, 좀 봐봐."

빌 게이처 씨는 그런 조카의 말에 전혀 귀 기울이지 않고 컴퓨터 로 뭔가를 했다. 지루해지기 시작한 조카는 빌 게이처 씨 옆에 앉아 서 찰흙으로 만든 생쥐를 마우스 삼아 삼촌의 행동을 흉내 내고 있 었다. 찰흙으로 조물락조물락거리자 조카가 만든 생쥐의 형태가 변 형되기 시작했고, 자기가 만든 생쥐의 모습이 찌그러지자 조카는 울음을 터뜨렸다.

"앙앙…… 내가 만든 생쥐. 돌아와 생쥐야. 앙앙……"

조카가 울음을 터뜨리자 그때서야 빌 게이처 씨는 조카가 찰흙으 로 만든 생쥐를 보았다.

"왜 울어? 왜왜?"

"내 마우스가 찌그러졌잖아."

'아, 그거야! 내 손에 착 붙는 마우스.'

"조카야 고맙다, 쪽……."

빌 게이처 씨는 조카가 만든 생쥐 찰흙을 보고는 자유자재로 변할 수 있는 내 손에 딱 맞는 마우스를 만들면 좋겠다는 생각이 들었고, 다음 날 컴퓨터 주변기기 회사로 찾아갔다.

"자유자재로 변할 수 있는 손에 딱 맞는 마우스를 만든다면 아마 선풍적인 인기를 끌 수 있을 것 같습니다."

"그런 독창적인 아이디어, 좋습니다. 바로 이 자리에서 우리 회사와 계약을 합시다."

그렇게 빌 게이처 씨가 생각해 낸 '나만의 마우스'는 곧바로 출시되기 시작했다.

♬ 나 이제 알아, 나만의 마우스, 정말 너무 편리해……

느낄 수 있니? 마우스 모양을. 내 맘대로 할 거야 ……♩♪

최고의 인기 그룹 룰러가 엉덩이 춤을 추며 이 마우스를 광고하기 시작했고, 남녀노소 가릴 것 없이 누구나 이 노래를 따라 불렀다. 그리고 아이들은 엄마에게 '나만의 마우스'를 사달라고 졸랐고, 단 몇 주 만에 베스트셀러에 오를 만큼 선풍적인 인기를 끌었다.

"네, 요즘 선풍적인 인기를 끌고 있는 '나만의 마우스'를 만든 빌 게이처 씨와 인터뷰를 해 보겠습니다. 안녕하세요, 빌 게이처 씨."

"네, 안녕하십니까?"

"요즘 '나만의 마우스'가 선풍적인 인기를 끌고 있는데, 어떻게 이것을 만들 생각을 하셨는지요?"

"하하, 천재는 99퍼센트의 노력과 1퍼센트의 영감으로 이루어진다는 에디슨의 말이 있잖습니까? 하지만 전 99퍼센트의 영감으로 이 제품을 만들었습니다. 다 제가 잘난 탓이죠. 허허허."

'나만의 마우스'가 선풍적인 인기를 끌자, 이것을 만들어 낸 빌 게이처 씨도 점점 유명해졌고, 빌 게이처 씨의 거만은 하늘을 찔렀다. '나만의 마우스'가 마우스 업계를 장악하기 시작하자 다른 업자들은 뭔가 대책을 강구해야겠다며 회의를 하였다.

"빌 게이천가 하는 빌 게이츠 짝퉁 놈이 만든 '나만의 마우스' 때문에, 우리 마우스는 이번 달에 하나도 안 팔렸어요."

"우리 마우스도 마찬가지예요. 빌 게이처 그놈이 만든 '나만의 마우스'는 전 국민을 상대로 사기를 치고 있는 거라고요."

"그럼 우리 이러고 있을 게 아니라 화학법정에 빌 게이처 그놈을 어서 고소합시다."

형상 기억 합금은 일정한 온도에서 형상을 기억시키면
다른 온도에서 모양을 바꾸어도 다시 그 온도가 되었을 때
원래 모양으로 되돌아옵니다.

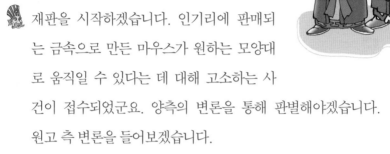

금속이 손 안에서 말랑말랑 움직일 수
있을까요?
화학법정에서 알아봅시다.

🗽 재판을 시작하겠습니다. 인기리에 판매되
는 금속으로 만든 마우스가 원하는 모양대
로 움직일 수 있다는 데 대해 고소하는 사
건이 접수되었군요. 양측의 변론을 통해 판별해야겠습니다.
원고 측 변론을 들어보겠습니다.

😐 피고가 판매하고 있는 마우스는 분명 금속으로 된 것입니다.
단단한 특성을 금속의 특징 가운에 으뜸으로 꼽는데 금속이
원하는 형태로 움직이는 건 절대 불가능합니다. 그 마우스는
분명 금속을 가장한 다른 물질로 만들어졌거나 아니면 과장
광고를 하고 있는 게 분명합니다. 판사님 피고의 비리를 밝
혀 주십시오.

🗽 피고가 과장 광고를 하고 있다는 제보가 들어온 게 있습니까?

😐 아뇨…… 없습니다만…….

🗽 인기리에 판매되고 있는 마우스기 때문에 현재까지 판매량이
아주 많은데, 아직 불만을 가진 소비자가 없다면 과장 광고는
아니겠군요.

😐 그렇다면 마우스는 분명 금속으로 만든 게 아닐 것입니다.

금속이 아니면 무엇입니까? 증거라도 있습니까?

 아직 거기까진…….

 여전히 화치 변호사는 2퍼센트 부족하군요. 가만 보니 요즘은 5퍼센트쯤으로 늘어난 것 같다니깐…… 아무튼 알겠습니다. 피고 측 변론을 들어 보겠습니다.

 금속은 항상 무거워야 하고 단단해야 한다는 선입견을 버려 주십시오. 금속도 물보다 가볍거나 찰흙만큼 가벼울 수 있습니다. 오늘 말씀드릴 금속이 바로 찰흙처럼 주무를 수 있는 금속입니다. 변론을 위해 15년 동안 금속에 대해 연구하고 계신 김또리 박사님을 증인으로 요청합니다.

 증인 요청을 받아들이겠습니다. 증인석으로 나와 주십시오.

 40대 초반쯤 되어 보이는 남성이 전혀 금속으로 보이지 않는 어른 주먹 세 개 정도 크기의 덩어리를 열심히 주물럭거리면서 증인석으로 나오고 있었다.

 증인께서 들고 나온 게 무엇이기에 그렇게 주물럭거리고 있습니까?

 이것 말씀이세요? 금속입니다.

 금속이라고요? 정말 금속을 원하는 모양대로 만들 수 있는 겁니까?

그럼요. 가능합니다. 이런 금속을 '형상 기억 합금' 이라고 합니다.

두 가지 이상을 섞어서 만든 합금이라면 어떤 금속들로 만드는 겁니까? '형상 기억 합금' 에 대해서 자세히 말씀해 주시겠습니까?

'형상 기억 합금' 은 모양이 크게 변한 다음에도 자기의 처음 모양을 기억하고 있어서 몇 번이고 원래의 모습으로 돌아갈 수 있습니다. 실제로 이용되고 있는 '형상 기억 합금' 은 티탄과 니켈이 약 1대 1의 비율로 혼합된 합금인데 '니티놀' 이라고 합니다.

일반적인 금속과는 많이 다른데 그 이유는 무엇입니까?

일반적인 금속은 강한 힘을 가하면 모양이 바뀌며 원래 상태로 되돌아가지 않지만 형상 기억 합금은 형상을 기억하는 효과를 가지도록 일정한 열처리를 거치는데, 일정한 온도에서 형상을 기억시키면 그 온도보다 낮은 온도에서 모양을 바꾸어도 다시 그 온도로 올라가면 원래의 모양으로 되돌아옵니다.

형상 기억 합금의 성질을 이용하면 생활 곳곳에서 유용하게 쓰일 수 있겠습니다.

물론입니다. 형상 기억 합금을 이용하면 대형 파라볼라 안테나를 접어서 달 표면으로 쉽게 운반하여 설치할 수 있습니다. 이때 150도 정도에서 제작한 안테나를 로켓의 실내 온도인 25

도 정도에서 로켓에 싣기 쉬운 형태로 작게 접어 달까지 운반하고, 달 표면에서 태양열에 의해 200도 근처까지 온도가 올라가면 안테나가 순식간에 제작 당시의 모양으로 펼쳐지지요. 그 밖에도 가볍고 착용감이 편안하며 부식되거나 외부의 힘에 의해 모양이 변하지 않아 치열 교정용 와이어, 속옷용 와이어, 휴대전화 안테나, 안경테, 로봇의 관절 등에도 아주 유용하게 사용되고 있습니다.

 이렇게 신기한 합금이 있는 것을 처음 알았습니다. 속옷이나 마우스에도 사용된다니 우리와 굉장히 가까운 곳에서 사용되고 있었군요. 절로 감탄이 나오는군요. 원고는 피고의 개발품을 질투하여 모함하려 했던 사실을 인정하고 앞으로 이런 일이 더 이상 일어나지 않도록 다짐할 것을 요구합니다. 다른 사람의 개발품을 질투할 시간에 새로운 개발품을 연구하는 데 쓰는 것이 어떻겠습니까? 이상으로 변론을 마치겠습니다.

 피고의 마우스가 인기품인 이유가 있었군요. 인체에 제일 편안하고 사용하기 편리한 제품이 각광을 받는 것은 당연한 일입니다. 다른 사람들도 피고의 아이디어를 본받아 더 좋은 제

 속옷의 형상 기억 합금

속옷이나 마우스는 사람의 체온인 36.5도를 기억하고 있다가, 그보다 낮은 온도에서 형태가 구부려졌다 하더라도 인체에 닿으면 다시 원래 형태를 찾아 편안하게 사용할 수 있습니다.

품을 만드는 데 열중하여 좋은 결과를 얻길 기대합니다. 피고
의 마우스에 아무런 문제도 없다는 게 명백하게 증명되었으므
로 이 일에 대한 논의는 이것으로 종결하겠습니다.

수소를 가두자

수소가 폭발하지 않도록 저장하려면?

"엠시 계의 쓰레기. 이렇게 비가 추적추적 내리니까 그녀가 보고 싶다. 만근아……."

"오…… 마이 히어로우…… 세월이 변했지만 당신은 여전히 성스러워."

"넌 상스러워."

"와우…… 넌 역시 여자를 쪼다로 만들 줄 알아."

"떠나는 너에게 내가 줄 거라곤 이거밖에 없구나. 개목걸이."

"이 그지 같은 놈."

김울 씨는 오늘도 텔레비전 앞에 앉아서 개그 프로그램을 보고 있었다. 한참 재미있게 보고 있는데 거실을 지나가던 엄마가 김울 씨에게 다가와서 말했다.

"너 무슨 안 좋은 일 있냐? 표정이 왜 그래?"

"지금 한참 신났는데, 내 표정이 왜?"

"아니, 난 또 무슨 일 있나 싶어서 그랬지."

그랬다. 김울 씨는 뚱한 표정 때문에 항상 사람들에게 오해를 사곤 했다. 다음 날 회사로 출근한 김울 씨는 회의 시간이 되자 회의실로 향했다.

"네, 이번에 우리 회사에서 중요한 프로젝트를 맡게 됐습니다. 수소를 기체 상태로 보관하기 위한 창고를 만들어 달라고 유명한 해왕성에서 제의해 왔습니다. 수소를 기체로 보관하기 위한 창고를 만드는 건 저희 회사에서 사상 처음으로 시도하는 건데요, 이 프로젝트가 성공하면 우리 회사의 대외 이미지가 급격하게 상승할 것으로 보입니다."

"아, 그렇군요. 그럼 이 창고를 설계할 담당자는 정해졌나요?"

"네, 우리 회사의 유망주인 김울 씨가 맡게 될 것으로 보입니다."

"그렇군요. 그러면 수소를 보관하기 위한 창고를 어떻게 만들어야 할지 김울 씨의 생각을 들어 보고 싶은데요?"

"네, 좀 더 연구가 필요한 부분이긴 하지만, 단단한 쇠로 만들면 수소를 기체 상태로 보관하는 건 문제가 없을 것 같습니다."

"그건 그렇고, 김울 씨 어제 야근했나? 아주 피곤해 보이는데?"

"그러게, 김울 씨 아까 보니까 잠깐잠깐 조는 거 같던데. 아무리 유망주라도 회의 시간엔 신경 좀 써 줬으면 좋겠어요."

오늘따라 컨디션이 좋아서 즐거운 마음으로 들어온 김울 씨는 갑자기 당황스러웠다. 평소 눈이 작아서 눈 좀 뜨고 다니라는 주위의 우스갯소리를 많이 듣긴 했지만, 회의에서까지 자신의 외모가 오해를 불러일으킬지 몰랐던 것이다.

"나 많이 피곤해 보이냐?"

"응, 좀…… 그러게 표정 관리 좀 하지 그랬어?"

"표정 관리한 거야. 그게."

"한 거였어, 그게?"

"했는데도, 그런 걸 어떡하냐? 원래부터 이렇게 생겨먹은걸. 이럴 땐 정말 날 이렇게 낳은 울 엄마가 원망스러울 뿐이다."

"그러지 말고 우리 밥이나 먹으러 가자."

"벌써 점심시간이야? 좋았어…… 오늘 뭐 먹을까?"

"니가 좋아하는 걸로 골라 봐."

"음, 오늘의 메뉴는 콩나물 해장국 어때?"

"좋지……."

신난 마음에 김울 씨와 그의 동료는 점심을 먹으러 가고 있었는데, 우연히 지나치다 과장을 만났다.

"김울 씨, 표정이 왜 그렇게 뚱해?"

"네?"

"회사에 무슨 불만 있어?"

"아니요, 그런 게 아니라."

"혹시 아까 일 때문에 그런 거야? 이 사람 생각보다 뒤끝 있네. 내 앞에선 괜찮지만 다른 사람들 앞에선 표정 좀 풀고 다녀. 으흠……."

김울 씨는 외모 때문에 이런 억울한 일들을 당했지만, 참을 수밖에 별 도리가 없었다. 그러고는 몇 달이 지난 뒤 드디어 창고가 완성되었고, 창고 완성 기념행사를 하는 날이 되었다. 최초로 수소를 기체 상태로 보관하는 창고를 만드는 거라 많은 취재진이 몰렸고, 김울 씨는 인터뷰 기회도 가졌다.

"이번에 창고를 직접 설계하셨다고요?"

"네, 그렇습니다."

"수소를 기체 상태로 보관할 수 있는 비밀은 무엇인가요?"

"아, 특수 제작된 쇠로 창고를 만들어서 수소를 기체 상태로도 보관할 수 있게 한 겁니다."

"최초로 이런 창고를 만드시고, 정말 뿌듯하시겠어요. 근데…… 김울 씨는 별로 안 기쁘신가 봐요? 표정이 안 좋군요……."

"네? 아닙니다……."

그렇게 김울 씨가 만든 수소 보관 창고는 위대한 업적으로 평가되었다. 그런데 그러던 어느 날 김울 씨가 만든 수소 보관 창고가 폭발했다는 소식이 전해졌고, 회사는 해왕성의 항의 전화로 난리가 났다.

"수소를 기체 상태로 보관할 수 있다더니, 문을 열자마자 수소가 빠져나가면서 창고가 통째로 폭발하고 말았어요. 도대체 일을 어떻게 한 거예요?"

"죄송합니다. 저희가 각별한 조치를 취하겠습니다."

회사 측은 회사 이미지에 큰 타격을 입자, 창고 설계 담당자인 김울 씨를 해고하기로 의견을 모았다.

"김울 씨, 이번 사건은 본인도 잘 알고 있을 거야. 김울 씨가 일을 실수하는 바람에 우리 회사도 큰 타격을 입었어. 그러니까 우리 회사에서 그만 나가 줘야겠어."

"그게 무슨 말씀이세요? 전 일을 똑바로 했다고요. 창고가 폭발한 건 어쩔 수 없는 일이라고요."

"세상에 어쩔 수 없는 게 어디 있어? 일을 엉터리로 해 놓고 이 지경이 되니까 어쩔 수 없었다고 핑계 대는 것 같은데, 우리한테는 안 통해. 그러니까 두 말 말고 그만 나가 주게."

"제가 엉터리로 했다고요? 정말 너무들 하시는군요. 전 평생 동안 이 회사에 몸과 맘을 다해 일해 왔어요. 이번만큼은 저도 물러서지 않겠어요. 화학법정에 의뢰해서 제 억울함을 꼭 밝혀내고 말겠어요."

수소 저장 합금을 이용하면 수소를 안전하게 저장할 수 있습니다.
수소 저장 합금은 금속과 수소가 반응하면
금속이 수소가스를 흡수하여 금속수소화물을 생성하고,
이를 다시 가열하면 수소가 방출되는 원리를 이용한 것입니다.

여기는 **화학법정**

수소를 저장하는 방법은 뭘까요?
화학법정에서 알아봅시다.

🎩 재판을 시작하겠습니다. 이번 사건은 '수소
폭발 사건'이라고 하는데 수소를 보관할 때
생기는 문제인 듯합니다. 해결 방법이 없는지 알아봐야겠군
요. 먼저 수소 저장 창고를 만든 원고 측의 변론을 들어 보겠
습니다.

🧑 원고가 제작한 수소를 저장하는 창고는 특수 제작된 쇠로 만
들었기 때문에 아주 튼튼합니다. 수소 저장 창고가 원고의 잘
못으로 폭발했다고 볼 수 없습니다. 원고를 직접 증인으로 모
시고 말씀드리겠습니다.

🎩 증인 요청을 허락합니다.

김울 씨가 증인석으로 나갔다.

🧑 증인은 특수 제작된 쇠로 튼튼한 수소 창고를 만들었는데 창
고가 폭발한 원인이 무엇이라고 생각합니까?

🧑 창고에 수소를 저장할 때는 큰 압력을 주어야 하기 때문에 이

미 안전을 보장할 수는 없습니다.

잠깐만요. 원고는 수소 저장 창고가 불안전하다는 사실을 알고 있었는데 다른 방법을 고안하지 않고 왜 그대로 진행했습니까?

액체 수소를 만들어 저장하는 방법도 있지만 영하 253도까지 냉각시키는 데 에너지가 너무 많이 필요할 뿐 아니라 저장하기 위해 매우 비싼 초저온 용기가 필요합니다.

피고는 분명히 최선을 다해 수소 저장 창고를 튼튼하게 만들었습니다. 따라서 수소 탱크가 폭발한 것은 운반하던 사람들의 부주의로 일어난 사고입니다.

그렇다면 수소를 안전하게 저장할 다른 방법은 없었다는 겁니까? 이에 대해 피고 측 변론하십시오.

수소를 위험하지 않게, 그리고 많은 비용을 들이지 않고 충분히 안전하게 저장, 보관할 수 있는 방법이 있습니다. 수소 저장 합금을 이용한 방법이 있다는데 자세한 설명은 증인을 모시고 하겠습니다. 우리 측 증인은 수소 개발 연구에 20년을 몸바친 한열정 박사님이십니다.

증인 요청을 받아들이겠습니다.

오랫동안 연구에 몰두한 박사는 50대를 바라보는 아직 젊 은 나이임에도 이마가 머리 위로 훨씬 올라간 대머리였다.

박사는 흰머리를 쓸어내리며 따뜻한 표정으로 법정에 들어왔다.

박사님께서는 그동안 수소를 이용한 많은 연구와 발명품을 만드셨다고 들었습니다. 수소에 대해서 모르는 게 없으시겠군요.

과찬입니다. 수소에 관심이 많아 열심히 연구한 것밖에 없습니다.

흔히 알고 있는 수소 저장 방법은 매우 높은 압력으로 불안정하거나 비용이 너무 많이 들어서 실용성이 떨어지는 것으로 알고 있는데, 안전하고 더 저렴한 비용으로 수소를 저장할 수 있는 방법은 없습니까?

수소를 저장하는 방법으로는 수소 저장 합금을 이용하는 것이 가장 적당합니다.

어떤 저장 방법입니까?

수소 저장 합금은 많은 양의 수소를 흡수해 저장했다가 방출하는 능력을 가진 합금을 말합니다. 대표적인 수소 저장 합금에는 철-티타늄, 란탄-니켈 등이 있습니다. 수소 저장 합금이 수소와 결합한 상태를 '금속 수소화물'이라고 하는데 수소 저장 합금이 수소를 흡수하는 과정은 열이 발생하는 과정이고, 수소를 방출하는 과정은 열을 흡수하는 과정입니다. 수소 원자는 원자 가운데 크기가 가장 작아서 수소 저장 합금의 원자

들 틈에 들어가 결합할 수 있지요. 따라서 수소 저장 합금은 낮은 압력에서도 자신의 1000배 정도의 수소를 저장할 수 있습니다.

수소 저장 합금을 실제로 사용하고 있는 것들이 있습니까?

충전해서 쓸 수 있는 2차 전지인 니켈-수소화물 전지가 있으며, 수소 저장 합금을 이용한 열저장 시스템은 열 손실이 없어 열을 오랫동안 저장할 수 있습니다. 수소 저장 탱크를 이용하여 수소를 저장하는 수소 자동차는 무공해 자동차로, 그 실용화를 위한 개발 단계에 놓여 있기도 합니다.

수소 저장 합금이 아주 유용하게 쓰이는군요. 앞으로는 수소 저장 합금을 더 많이 활용할 수 있도록 연구해야겠군요. 원고는 회사에서 퇴출당할 자신의 처지만 생각하고 수소 창고를 운반하는 사람들의 잘못으로 책임을 전가하려 했던 점을 인정하십시오. 그리고 회사에서는 원고의 잘못으로 터져 버린 수소 창고를 안전한 수소 저장 합금을 이용해 다시 제작해 주어야 할 것입니다.

원고의 잘못으로 수소 저장 창고가 제대로 제작되지 못한 점에 대해 회사 측에서는 책임지고 안전한 수소 저장 창고를 제작하여 해왕성에 보내십시오. 원고의 잘못이 인정되는 것은 분명합니다. 하지만 최선을 다해 제작한 창고가 폭발해 버린 사실을 안 원고도 마음이 편하지 않을 것입니다. 회사 측에서

는 원고가 실수를 만회할 기회를 한 번 더 주는 것이 어떻겠습
니까? 누구든 힘든 상황에서 구해 준 은인은 절대 배신하지
않는 법이니 먼 미래를 내다보고 넓은 아량으로 원고를 감싸
줄 수 있길 바랍니다. 이상으로 재판을 마치겠습니다.

형상 기억 합금

형상 기억 합금이란 무엇인가? '기억한다' 는 개념은 그동안 생명체의 전유물로 생각되어 왔다. 그러나 감각적인 것을 기억하고 나중에 재생하거나 다시 인식하는 '기억' 이라는 현상을 무생물체인 금속에서도 찾아볼 수 있다. 이러한 금속들은 모양이 변했다가 어떤 조건을 만족하게 되면 금속 재료 자체의 원래 형상을 기억해 낸다. 이런 현상을 형상 기억 효과(shape memory effect)라고 한다. 형상 기억 합금이란 영어로 'Shape Memory Alloy(SMA)' 라고 하며 말 그대로 '모양을 기억하는 합금' 이라는 뜻이다. 합금으로 일정한 모양을 만들고 나서 힘을 가해 전혀 다른 모양으로 변형한 다음에 온도를 높이면 처음 모양을 기억해서 그 모양으로 돌아가는 합금을 말한다.

과학성적 끌어올리기

형상 기억 합금의 성질

모든 금속은 탄성에 한계가 있다. 탄성 한계보다 작은 힘을 받아 일어난 변형은, 그 힘을 없애면 원래의 모양으로 돌아간다. 이것을 '탄성 변형'이라 한다. 그러나 탄성 한계보다 큰 힘을 가하면, 가했던 힘을 없애도 처음 모양으로 돌아가지 않는 영구적인 변형이 일어난다. 영구 변형이 일어나기 시작하는 시점의 변형 정도, 즉 탄성 한계보다 큰 응력을 주었을 때의 변형은 원래 모양의 1퍼센트를 넘지 않으며 그 후에 일어나는 것이 영구적인 변형인 소성 변형이다. 이처럼 보통 금속 재료는 적당한 힘을 가해 변형하면 그 형상으로 유지된다. 그래서 굽히거나 늘려서 자유로운 형상으로 모양을 만들고 가공할 수 있다. 이러한 소성 가공이 가능하기 때문에 니크롬 선을 감아서 전기 히터도 만들고 두꺼운 슬라브를 압연하여 박판을 만든 후 자동차 차체로 가공하거나 철선을 구부려 클립을 만들 수 있다. 이 소성 변형이라는 성질은 금속 재료의 큰 특징 가운데 하나며, 금속 재료가 공업적으로 널리 사용되는 이유다.

그러나 형상 기억 합금은 변형된 다음에 다시 가열하면 처음 변형되기 전의 형상을 기억하고 원래의 형상으로 되돌아간다. '재가열'을 통해, 이 합금이 높은 온도에서 먼저 취해야 할 결정 구조와

과학성적 끌어올리기

이에 걸맞은 형상을 되살려 기억나게 해 주는 것이다. 이 합금은 일단 어떤 형상을 기억하면 여러 가지 형상으로 변형되어도, 적당한 온도로 가열하면 변형 전의 형상으로 돌아오는 성질이 있다.

화학과 친해지세요

이 책을 쓰면서 좀 고민이 되었습니다. 과연 누구를 위해 이 책을 쓸 것인지 난감했거든요. 처음에는 대학생과 성인을 대상으로 쓰려고 했습니다. 그러다 생각을 바꾸었습니다. 화학과 관련된 생활 속 이야기가 초등학생과 중학생에게도 흥미 있을 거라고 생각했기 때문이지요.

초등학생과 중학생은 앞으로 우리나라가 선진국으로 발돋움하기 위해 꼭 필요한 과학 꿈나무들입니다. 그리고 지금과 같은 과학의 시대에 가장 큰 기여를 하게 될 과목이 바로 화학입니다.

하지만 지금 우리의 화학 교육은 직접적인 실험보다는 교과서를 달달 외워 시험을 잘 보는 것에 맞추어져 있습니다. 이러한 환경에서 노벨 화학상 수상자가 나올 수 있을까 하는 의문이 들 정도로 심각한 상황에 놓여 있습니다.

저는 부족하지만 생활 속의 화학을 학생 여러분들의 눈높이에 맞

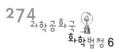

추고 싶었습니다. 화학은 먼 곳에 있는 것이 아니라 바로 우리 주변에 있으며, 잘 활용하면 매우 유용한 학문이라는 것을 깨닫게 되길 바랍니다.